MUNDOS EXTRATERRESTRES

MUNDOS EXTRATERRESTRES

LISA KALTENEGGER

MUNDOS EXTRATERRESTRES

A la caza de nuevos planetas

Traducción de Fernando Borrajo

PAIDÓS Contextos

Obra editada en colaboración con Editorial Planeta - España

Título original: *Alien Earths: The New Science of Planet Hunting in the Cosmos*, de Lisa Kaltenegger.

Esta edición se ha publicado de acuerdo con St. Martin's Publishing Group, juntamente con International Editors & Yáñez' Co. Barcelona.
Todos los derechos reservados.

© Lisa Kaltenegger, 2024
© de la traducción, Fernando Borrajo, 2025
© de las ilustraciones del interior, Peyton Stark, 2024
Maquetación: Realización Planeta

© 2025, Editorial Planeta, S. A. – Barcelona, España

Derechos reservados

© 2025, Ediciones Culturales Paidós, S.A. de C.V.
Bajo el sello editorial PAIDÓS M.R.
Avenida Presidente Masarik núm. 111,
Piso 2, Polanco V Sección, Miguel Hidalgo
C.P. 11560, Ciudad de México
www.planetadelibros.com.mx
www.paidos.com.mx

Primera edición impresa en España: marzo de 2025
ISBN: 978-84-493-4354-4

Primera edición impresa en México: junio de 2025
ISBN: 978-607-639-010-8

No se permite la reproducción total o parcial de este libro ni su incorporación a un sistema informático, ni su transmisión en cualquier forma o por cualquier medio, sea este electrónico, mecánico, por fotocopia, por grabación u otros métodos, sin el permiso previo y por escrito de los titulares del *copyright*.

Queda expresamente prohibida la utilización o reproducción de este libro o de cualquiera de sus partes con el propósito de entrenar o alimentar sistemas o tecnologías de Inteligencia Artificial (IA).

La infracción de los derechos mencionados puede ser constitutiva de delito contra la propiedad intelectual (Arts. 229 y siguientes de la Ley Federal del Derecho de Autor y Arts. 424 y siguientes del Código Penal Federal).

Si necesita fotocopiar o escanear algún fragmento de esta obra diríjase al CeMPro (Centro Mexicano de Protección y Fomento de los Derechos de Autor, http://www.cempro.org.mx).

Impreso en los talleres de Operadora Quitresa, S.A. de C.V.
Calle Goma No. 167, Colonia Granjas México,
C.P. 08400, Iztacalco, Ciudad de México
Impreso en México – *Printed in Mexico*

A Lara Sky, que hace de cada día una hermosa aventura.
A los amigos y familiares de todo el mundo, que hacen de nuestro
pálido punto azul un mundo tan maravilloso.
Y a todos los que alguna vez han mirado al cielo y
se han preguntado si estamos solos.

SUMARIO

Introducción. Un mensaje desde nuestro
punto azul pálido   9

1. A punto de encontrar vida en el cosmos   15
2. Cómo construir un mundo habitable   37
3. ¿Qué es la vida?   87
4. Cómo buscar vida en el cosmos   111
5. Mundos que estremecieron la ciencia   147
6. Como en casa, en ningún sitio   183
7. En los umbrales del conocimiento cósmico   223
Epílogo. La nave Tierra   241

Agradecimientos   245
Lista de reproducción del disco de oro   249
Para saber más   253
Índice onomástico y de materias   255

SUMARIO

INTRODUCCIÓN

Un mensaje desde nuestro punto azul pálido

El cielo está cubierto de esponjosas nubes rojas por encima del purpúreo musgo que motea las pocas islas que se divisan en el horizonte, resplandeciendo en la luz roja que el sol despide. No esperes hasta el ocaso y la oscuridad de la noche, porque pierdes el tiempo. Para ver anochecer hay que viajar durante días hasta el otro extremo de este lejano planeta, un lugar donde el anochecer es interminable. Aún más lejos, el retroceso de la tenue luz prolonga la noche para siempre.

El entorno en el lado nocturno del planeta es extraordinariamente diferente. El haz de luz de la linterna apenas penetra en la oscuridad total del espacio que te rodea. Solo puedes vislumbrar una estrecha franja de un mundo desconocido en el que habitan formas de vida que no habías visto jamás. En la penumbra solo se distinguen puntitos brillantes, un resplandor biofluorescente que tiñe de verde claro el inquietante paisaje extraterrestre.

Pero los organismos que aquí viven se han adaptado perfectamente a la noche perpetua. Habiendo vivido siempre en la oscuridad absoluta, no necesitan la luz del sol para obtener energía ni para explorar su entorno. Al captar el calor y el sonido, perciben el mundo con la misma claridad que los seres humanos por medio de la vista. Al igual que las criaturas que habitan las zonas más oscuras y profundas de los mares de la Tierra, esos organismos nos resultan extrañamente familiares y, sin embargo, no lo son en absoluto.

¿Estamos solos en el universo? La pregunta debería tener una respuesta obvia: sí o no. Pero, cuando intentamos encontrar vida en otros sitios, nos damos cuenta de que no es tan fácil. Bienvenidos al mundo de la ciencia, que siempre comienza con una pregunta engañosamente sencilla.

Vivimos en una época de increíbles exploraciones. Estamos descubriendo no solo nuevos continentes, como los exploradores de antaño, sino también nuevos mundos que giran alrededor de otras estrellas. Desde que, en 1995, se descubrió el primer planeta extrasolar, los astrónomos han encontrado más de cinco mil en nuestro entorno cósmico. Sorprendentemente, eso equivale al descubrimiento de un nuevo mundo todos los días desde que fabricamos el primer instrumento dotado de la sensibilidad suficiente para detectarlos. Y solo hemos localizado los que son fáciles de encontrar, esto es, la punta del iceberg.

Casi todas las estrellas tienen planetas que giran a su alrededor. Y nuestra galaxia, la Vía Láctea, alberga unos doscientos mil millones de estrellas. Ese número escalofriante indica que, solo en nuestra galaxia, hay miles y miles de millones de nuevos mundos por explorar. El planeta imaginario que acabo de describir podría ser uno de ellos, con una mitad sometida a la constante luz del sol y la otra sumida en una oscuridad sin fin.

Esos mundos no los descubrimos a bordo de naves, ni siquiera en naves diseñadas para surcar el espacio, porque esos exoplanetas se encuentran a billones de kilómetros de distancia. Esas alucinantes distancias dificultan enormemente la búsqueda. Pero la luz y la materia interactúan entre sí, lo que nos permite explorar esos nuevos mundos desde nuestra orilla cósmica, aunque no podamos llegar a ellos. Del mismo modo que los visados de un pasaporte nos muestran qué países ha visitado un viajero, la luz contiene información sobre los lugares por los que ha pasado durante su trayecto. Los signos de vida quedan reflejados en la luz de un planeta, siempre y cuando sepamos interpretarlos.

Mira al cielo esta noche y cuenta las estrellas que ves. Durante miles de años el hombre ha explorado el cielo y se ha preguntado si estamos solos en el cosmos, pero con escasos medios para obtener una respuesta. Lo que ha cambiado es que ahora sabemos que esas estrellas están acompañadas, pues a su alrededor orbitan planetas cuya luz es demasiado débil para individuarlos. ¿Podría haber seres observando la Tierra en este mismo momento, preguntándose también si están solos en el universo? Por primera vez contamos con la tecnología necesaria para investigar.

¿Qué deberíamos explorar en nuestra búsqueda de vida extraterrestre? Un astrónomo decía medio en broma que buscásemos grandes grupos de animales, como por ejemplo flamencos rosas, en otros planetas, si bien deberían estarse quietos el tiempo suficiente para que los encontrásemos. El color es muy útil para la búsqueda de vida, pero, por suerte, buscar flamencos de vistosos colores no es nuestra única opción. Fijándonos con más detenimiento, vemos que nuestro planeta alberga una asombrosa diversidad de vida que modifica el aire que respiramos y el color de nuestro mundo, desde los desiertos completamente secos hasta las superficies heladas de los glaciares y las aguas sulfurosas del Parque Nacional de Yellowstone.

Aunque las formas de vida alienígena probablemente sean muy diversas, esos organismos nos proporcionan determinadas pistas para nuestra investigación. Una combinación de las consabidas reglas de la física y las leyes de la evolución debería dar lugar a organismos completamente distintos de los que conocemos, pero perfectamente adaptados a sus respectivos mundos.

Hoy en día, para resolver el enigma de estos nuevos mundos, es necesario utilizar una amplia gama de métodos: cultivar una biota de vistosos colores en nuestro laboratorio de biología, fundir y rastrear el brillo de diminutos mundos de lava en nuestro laboratorio de geología, desarrollar líneas de código en el ordenador y retroceder en la larga historia de la evolución de nuestro planeta tratando de hallar indicios de lo que hay que buscar. Teniendo la Tierra como laboratorio, podemos poner a prueba nuevas ideas y afrontar los retos valiéndonos de datos, inspiración, curiosidad y visión de futuro. Esta interacción entre fotones radiantes, remolinos de gas, nubes y superficies dinámicas impulsadas por las líneas de código de mi ordenador crea una sinfonía de mundos posibles: algunos rebosantes de vida y otros desolados y yermos.

Me paso el día intentando averiguar cómo encontrar vida en mundos extraterrestres, junto con equipos de perseverantes científicos que, con mucha creatividad y entusiasmo y, a menudo, pocas horas de sueño y toneladas de café, están creando un conjunto de herramientas especializadas para nuestra búsqueda. Nunca pensé que llegaría a participar en una de las aventuras más emocionantes de la humanidad: buscar vida en el universo. Mi curiosidad sobre el lugar que ocupa nuestra especie en el cosmos me ha llevado desde Austria hasta España, los Países Bajos, Estados Unidos y Alemania, y luego de nuevo a Estados Unidos para dirigir un equipo de increíbles pensadores que intentan conseguir precisamente eso.

En *Mundos extraterrestres*, os guiaré durante un asombroso y apasionante viaje mientras buscamos vida en el universo. Os informaré cumplidamente de lo que los científicos están investigando sobre la historia de la Tierra y su asombrosa biosfera, describiré algunos de los exoplanetas más insólitos que hemos descubierto y os explicaré por qué estos descubrimientos han arrojado luz sobre una de las preguntas que más se han repetido en el conjunto de la ciencia: ¿estamos solos?

Lo que hemos descubierto sobre algunos de estos nuevos planetas ha sido completamente inesperado: unos están cubiertos de océanos de magma, mientras que otros son bolas de gas incandescentes y esponjosas que revolotean produciendo zumbidos alrededor de sus estrellas madre. Estos fascinantes planetas nuevos han transformado nuestra visión del mundo. Sin embargo, algunos de ellos empiezan a parecerse un poquito a nuestro hogar.

Hasta ahora, pese a quienes afirman lo contrario, no hemos encontrado ninguna prueba de vida extraterrestre en otros planetas. Hasta que la encontremos, seguiremos perfeccionando nuestra tecnología y buscando señales de vida alienígena a la antigua usanza: tanteando planeta por planeta y luna por luna.

La fase más emocionante está a punto de empezar.

NUESTRA GALAXIA: LA VÍA LÁCTEA

|—————————————————————————|
100.000 años luz (tiempo de viaje)

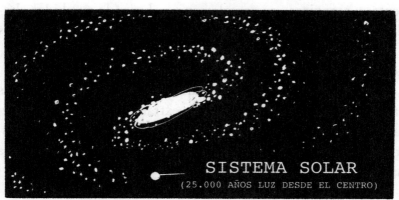

TIEMPO DE VIAJE DE LA LUZ DESDE EL SOL

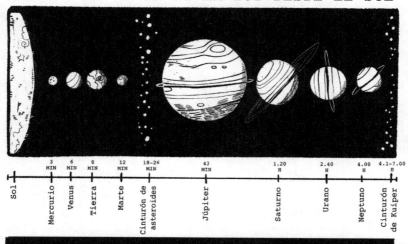

CAPÍTULO
1

A punto de encontrar vida en el cosmos

> Los mundos del espacio son tan incontables como todos los granos de arena de todas las playas de la Tierra. Cada uno de esos mundos es tan real como el nuestro, y cada uno de ellos es una sucesión de incidentes, acontecimientos y fenómenos que influyen en su futuro. Incontables mundos, innumerables momentos, una inmensidad de espacio y tiempo.
>
> CARL SAGAN, *Cosmos*

LAS PRIMERAS IMÁGENES DESDE UNA NAVE ESPACIAL

La espuma de mi expreso portugués es un poco amarga, pero apenas lo noto. Durante la última hora he estado mirando imágenes en el ordenador, una transmisión en directo desde el telescopio espacial James Webb (JWST, por sus siglas en inglés), recién lanzado por la NASA. La pantalla está oscura ahora, y mis pensamientos se adentran en esa oscuridad para imaginar qué misterios del cosmos nos revelará.

Mirando el impecable lanzamiento del JWST un día de finales de diciembre de 2021, científicos de todos los continentes se fijaban con atención en cada una de las fases del lanzamiento. Desde el despegue hasta las observaciones, el JWST tenía 344 aspectos en los que podía fallar —cada uno de los cuales podía desbaratar todo el sistema—, por lo que, aunque nos sentíamos aliviados cada vez que algo salía bien, sabíamos que seguía habiendo cientos de cosas que podían torcerse.

Con los ojos pegados a la televisión de la NASA (y al canal Slack de nuestro equipo, en el que nuestros colegas de todas las zonas horarias comentaban el éxito de cada paso), yo intentaba centrarme en la respiración: inspirar y espirar, inspirar y espirar. No había nada que pudiéramos hacer porque el cohete ya había despegado y se dirigía a su destino final en el espacio, un lugar situado a casi 1,5 millones de kilómetros de distancia y que se conoce como segundo punto de Lagrange o L2. Dennis Overbye y Joey Roulette, periodistas de *The New York Times,* describieron la hermosa imagen del lanzamiento como «un fardo de espejos, alambres, motores, cables, cerrojos y láminas de plástico fino sobre una columna de humo y fuego». También transportaba los sueños de miles de científicos y científicas como yo, que esperábamos ver una imagen del cosmos que, hasta entonces, no habíamos podido contemplar.

El JWST es el primer telescopio capaz de capturar, gracias a un espejo de seis metros y medio de diámetro, la luz necesaria para analizar la composición química de la atmósfera de otros mundos rocosos. El tamaño es el factor fundamental para la acumulación de luz. Imaginemos un cubo: cuanto más grande sea, más agua de lluvia podrá recoger durante un chaparrón. El espejo del telescopio funciona de la misma manera: cuanto más grande sea, más luz podrá acumular.

La alegría del equipo en la sala de control ante la satisfactoria separación del telescopio y el cohete interrumpió mis pensamientos. La última imagen de la transmisión del lanzamiento fue un primer plano del telescopio perdiéndose en la oscuridad del espacio, con una hipnótica vista del planeta azul en la esquina superior de la pantalla.

A PUNTO DE ENCONTRAR VIDA EN EL COSMOS

Pasarían meses antes de que el JWST sorteara con éxito cada uno de los obstáculos restantes mientras este hermoso conjunto de espejos, cables y paneles solares se desplegaba. Luego tendría que ir enfriándose lentamente hasta adaptarse a las gélidas temperaturas a las que podría empezar a funcionar.

Tras examinar las primeras señales, pudimos comprobar que habíamos logrado nuestro objetivo. Una vez descartados todos los posibles fallos, este asombroso telescopio comenzó a funcionar a la perfección, proporcionándonos los primeros atisbos de una nueva forma de ver el cosmos y una muestra de los asombrosos descubrimientos que aún están por llegar.

Una de las imágenes más espectaculares que ha capturado el JWST es la de la nebulosa de la Quilla, situada a unos siete mil años luz de distancia. Esta guardería estelar, donde las estrellas y los nuevos planetas están en proceso de formación, parece una obra de arte celestial llevada a cabo por un pincel cósmico. Pero el JWST no nos está revelando solamente el nacimiento de nuevos mundos. Una imagen que el presidente Joe Biden presentó al público en julio de 2022, un día antes de que la NASA publicara por primera vez datos oficiales, mostraba un tiempo en el que el propio universo estaba en su primera infancia. En la imagen de campo ultraprofundo del JWST, podemos ver miles de galaxias diseminadas como puntos parpadeantes por el lienzo negro del espacio, ubicadas en una zona del cielo que, vista desde la Tierra, es del tamaño de un grano de arena. Su luz tardó más de trece mil millones de años en llegar a nosotros, enviándonos un mensaje procedente de una época muy anterior al nacimiento de la Tierra. En su viaje hacia nuestro telescopio, algunos rayos se curvaron al pasar por un enorme cúmulo de galaxias. La materia y la luz interactúan, por lo que esa antigua luz se deformó y dio lugar a los hermosos arcos que se ven en la imagen, revelando la influencia de la relatividad sobre el espacio y el tiempo.

Esa imagen de antiguas galaxias me llena de asombro y esperanza. Hay en ella miles de millones de estrellas, antiguos reflejos de otros mundos posibles. En este pequeño rincón del cosmos, los planetas podrían haberse formado innumerables veces, y, sin embargo, nuestro ahora y su ahora no se entrecruzan a causa de la inmensidad del espacio que nos separa. Mientras que algunas estrellas —como las de la imagen de campo profundo que tengo en la pantalla de mi ordenador— se han perdido en el tiempo para nosotros, miríadas de estrellas más próximas siguen estando ahí, rodeadas de misteriosos mundos. Y ahora podemos explorar los más cercanos.

En ciencia, al encontrar nuevas formas de ver las cosas, como capturando la luz de objetos más tenues en el enorme espejo del JWST, podemos detectar lo que antes solo nos era posible imaginar. Las nuevas constataciones transforman nuestro entendimiento. Esas imágenes son un testimonio conmovedor del espíritu de colaboración de la humanidad: hicieron falta miles de personas de todos los rincones del mundo para que esa visión se hiciera realidad.

Una de las primeras imágenes que nos llegaron muestra una vista detallada de la luz procedente de un planeta gigante, esponjoso y abrasador —el WASP-96b—, envuelto en capas de nubes, bruma y vapor. Gira alrededor de su estrella dos veces a la semana. Aunque carente de vida, la imagen del JWST demostró que, si se le da más tiempo, el telescopio espacial puede explorar la atmósfera de otros planetas más pequeños, de tamaño similar a la Tierra. Lugares donde la vida podría florecer. Como miembro de uno de los equipos científicos implicados en la construcción del JWST, colaboro con un creativo grupo de científicos cuya intención es explorar esos nuevos mundos que hemos podido ver en nuestro horizonte cósmico.

El descubrimiento de vida en otro planeta revolucionaría para siempre nuestra visión del mundo.

Entonces, ¿dónde están?

Supongamos por un momento que el universo rebosa de vida. En ese caso, la pregunta más lógica sería: ¿dónde está el resto de habitantes del universo? En mi curso de introducción a la astronomía —«Desde los agujeros negros hasta los mundos por descubrir»—, les pido a mis alumnas y alumnos que den posibles explicaciones de por qué hasta ahora no hemos tenido noticias creíbles de visitantes alienígenas. Voy a pasar por alto cualquier mención a los supuestos avistamientos de ovnis, pues en esta cuestión abundan de tal modo las observaciones erróneas que, para analizarlas, habría que escribir otro libro como el sugerente *El mundo y sus demonios*, de Carl Sagan, una de mis lecturas favoritas. Entre otras muchas cuestiones perspicaces, Sagan pregunta por qué unas especies alienígenas que nos superan apabullantemente en tecnología hasta el punto de que pueden viajar de una estrella a otra iban a tener que secuestrar a una persona para examinarla. Incluso una especie comparativamente menos avanzada, como la nuestra, ha desarrollado la tecnología necesaria para tomar muestras de ADN del pelo o de la saliva. ¿No sería mucho más efectivo tomar muestras de personas desprevenidas, para su estudio, que teletransportar a esas personas, una a una, a las naves espaciales? Para que conste, la mayoría de las teorías de mi alumnado incluyen desde situaciones apocalípticas —las civilizaciones alienígenas se han autodestruido antes de poder encontrar otros mundos habitados— hasta la hipótesis del vacío infinito: no hemos visto ninguna civilización extraterrestre porque somos la única que ha existido en el universo.

Este misterio de los alienígenas ausentes no es nuevo. Enrico Fermi, el físico italiano ganador de un Premio Nobel, hizo una famosa pregunta, «¿Dónde están los demás?», durante una conversación sobre la posibilidad de vida extraterrestre en 1950. Si las civilizaciones tecnológicas fueran comunes en el universo, es muy posible que alguna de ellas ya se hubiera desarrollado lo suficiente para visitarnos o al menos para comunicarse con nosotros. Este misterio se conoce como la «paradoja de Fermi»: la discrepancia entre la falta de pruebas de vida extraterrestre y las muchas probabilidades de que exista. Aquella conversación la ensombrecía el hecho de que los científicos estaban empezando a desarrollar armas nucleares que podían acabar de un plumazo con nuestra propia civilización.

¿Cuántas civilizaciones inteligentes podría haber en la inmensidad del universo? Una forma de abordar esta cuestión la propuso el astrónomo estadounidense Frank Drake, pionero en la búsqueda de inteligencia extraterrestre (SETI, por sus siglas en inglés), quien en la década de 1960 desarrolló un proceso sistemático para evaluar las posibilidades del SETI. En su búsqueda de lo que él llamaba «un susurro que no llegamos a oír del todo bien», Drake combinó una serie de factores en un marco que se conoce como «ecuación de Drake». Los siete factores interrelacionados comenzaban con una serie de estimaciones bien delimitadas sobre el ritmo de formación de estrellas, diversas conjeturas sobre la probabilidad de que haya planetas girando a su alrededor y la fracción de estos con capacidad para albergar vida, antes de pasar a una serie de descabelladas especulaciones sobre la probabilidad de que la vida realmente evolucione, la proporción de formas de vida que podrían desarrollar inteligencia y el porcentaje aún menor de las que serían capaces de establecer una comunicación interestelar. El último factor de la ecuación de Drake plantea una cuestión que refleja un entusiasmo sin límites, o bien un tremendo pesimismo sobre nuestras posibilidades de comunicarnos con una civilización alienígena: ¿cuánto tiempo pueden sobrevivir las civilizaciones tecnológicas?

La inmensidad del espacio solo en ocasiones está salpicada de estrellas, pues las distancias que las separan son enormes. Para mí, es mucho más fácil representarlas si las reduzco en la imaginación a la escala de los objetos de la vida cotidiana. Reduzcamos nuestro sistema solar —desde el Sol hasta el planeta más alejado de él, que es Neptuno— al tamaño de una galleta con un diámetro de unos cinco centímetros. ¿A qué distancia estaría la estrella más próxima al Sol? ¿A dos galletas de distancia? ¿A cinco? ¿A cien? Está muchísimo más lejos: a casi nueve mil galletas de distancia. O, en la misma escala galletil, a unos cuatro campos de fútbol de distancia. Para calcular las distancias interestelares en el cosmos, hacen falta unidades mucho más grandes que las millas o los kilómetros, o las galletas. Si usamos el año luz como referencia cósmica, nos resultará más fácil comprender esas longitudes inimaginables.

La luz viaja a una velocidad increíble: unos trescientos mil kilómetros por segundo, lo que equivale a unos nueve billones de kilómetros por año. La luz tarda solo un segundo en llegar de la Tierra a la Luna (trescientos ochenta mil kilómetros) y solo ocho minutos en recorrer la distancia que separa la Tierra del Sol. En esos ocho minutos, la luz recorre una distancia cósmica relativamente pequeña: ciento cincuenta millones de kilómetros. La estrella más próxima a nuestro Sol es Próxima Centauri, situada a la enorme distancia de cuarenta billones de kilómetros. Incluso la luz tarda unos cuatro años en recorrer esa larguísima distancia. Por lo tanto, además de reflejar la distancia, la escala del año luz nos indica también cuánto tarda esta en hacer el viaje. Los seres humanos estamos empezando a aventurarnos a viajar por nuestro sistema solar, pero esas distancias son muy pequeñas en comparación con la que hay entre las estrellas.

Nuestra galaxia tiene un diámetro de unos cien mil años luz. Si una civilización contara con los medios para viajar a incluso el 10 % de la velocidad de la luz, entonces tardaría, en principio, aproximadamente un millón de años en atravesar la galaxia. En principio, casi todo el viaje transcurriría a través del espacio vacío: incluso un viaje entre nuestro Sol y la estrella más cercana tendría una duración de varias décadas. La mayor parte del recorrido sería aburridísimo, porque las distancias que hay entre las estrellas son descomunales. Y desplazarse a esa velocidad de vértigo sería extremadamente peligroso, pues chocar tan deprisa incluso con una diminuta partícula de material interestelar podría provocar un desastre para la nave y todos los que viajan en ella. Un millón de años es mucho tiempo si lo comparamos con lo que vive una persona, o incluso con la evolución de la humanidad, pero algunas estrellas y sus planetas son mucho más antiguos que los nuestros. Si hay civilizaciones más antiguas, nuestra galaxia podría contener ya sus asentamientos, los vestigios o las señales que indicasen la existencia de una tecnología avanzada. Pero todavía no hemos encontrado nada de eso (tampoco nos hemos alejado mucho de la Tierra). Así pues, como parece pensar mi alumnado, puede que los alienígenas no nos visiten a causa de las enormes distancias que hay que recorrer entre mundos habitables.

Dejemos la realidad e inspirémonos en las soluciones que propone la ciencia ficción. Si bien a mí personalmente me encanta la idea de viajar a una velocidad superior a la de la luz, como la nave Enterprise en la saga *Star Trek*, la velocidad supralumínica es probablemente imposible de alcanzar, incluso en el futuro, pues nuestro universo se rige por las leyes de la física. Basándonos en nuestros conocimientos actuales, la velocidad de la luz es una barrera que no podemos rebasar. En el impresionante panorama visual que imaginó Luc Besson para la película *Valerian y la ciudad de los mil planetas* (2017), gracias a complejas pero no imposibles maravillas de la tecnología, enormes estaciones espaciales recorren el cosmos mientras los pasajeros contemplan los prodigios del universo. La ficticia nave espacial contiene una vasta metrópoli en la que conviven especies procedentes de muchísimos mundos alienígenas.

De momento, la posibilidad de atravesar la galaxia no está a nuestro alcance. Pero a lo mejor los alienígenas podrían llegar hasta nosotros de otra manera. El hecho de que la luz viaje a una velocidad asombrosa significa que los mensajes codificados en señales de radio pueden viajar muy deprisa. A menudo, la palabra *luz* se usa solo para describir la estrecha gama de radiaciones electromagnéticas que nuestros ojos se han acostumbrado a ver. Imagina que tienes un prisma entre las manos, un pedazo de cristal, y haces pasar a través de él un haz de luz solar. Entonces aparece una cascada de colores que van desde el rojo oscuro hasta el violeta brillante: el espectro de la luz visible. Sin embargo, lo que ves no es más que una ínfima parte de la gama completa de radiación electromagnética que se extiende mucho más allá de la vista humana, hasta el infrarrojo y el ultravioleta, las ondas de radio y los rayos gamma, que constituyen notas diferentes en esta gran composición cósmica de la luz.

Una manera de encontrar civilizaciones avanzadas y capaces de comunicarse consistiría en captar las señales de radio que vienen en dirección a nosotros y que no se producen de forma natural. Aunque los objetos astronómicos, como las galaxias, también generan señales de radio, los científicos buscan señales singulares, tal vez una especie de saludo cósmico. Pero esos saludos interestelares se dispersarían por la inmensidad del espacio. Cada vez que se duplica por dos la distancia, la fuerza de la señal se reduce a una cuarta parte del volumen anterior, por lo que, a cierta distancia, hasta el grito más alto se convierte en un susurro imperceptible, y eso en el caso de que haya alguien escuchando. Los astrónomos, aunque están buscando esas señales de radio, todavía no han encontrado ninguna. ¿Significa eso que no hay realmente en el cosmos ninguna forma de vida distinta de la nuestra?

El gran silencio

Aún no hay grandes estaciones espaciales que viajen por el universo y tampoco podemos quebrantar las leyes de la física, por lo que este gran silencio del cosmos se cierne sobrecogedoramente sobre nosotros. Esto ha llevado a la comunidad científica (y a mi alumnado) a sugerir la hipótesis de que, aunque hubiera habido vida en algún momento en otro lugar, algún impedimento, como por ejemplo un cataclismo, la habría destruido y habría impedido que otras civilizaciones se aventuraran a entrar en nuestra galaxia: un gran filtro, por así decirlo, que ha impedido hasta ahora que la inteligencia extraterrestre se extienda por el cosmos. Este gran filtro podría encontrarse en nuestro pasado. Por ejemplo, quizá sea muy complicado que la vida surja en un planeta. O también: ¿y si la vida surge con facilidad, pero es prácticamente imposible que supere el primer estadio microbiano? Si la vida extraterrestre llegara a ser lo bastante inteligente y avanzada para construir satélites y enviar naves espaciales a surcar un sistema planetario, esa tecnología también podría ser lo bastante poderosa como para destruir todos los rincones de su propio planeta. O el filtro catastrófico podría estar en el futuro. ¿Cuánto trabajo le cuesta a una civilización sobrevivir a su propio desarrollo tecnológico? Tal vez otras formas de vida se hayan autodestruido antes de poder viajar a las estrellas. Qué idea tan deprimente. Aunque la parte positiva de ese escenario es que tales formas de vida son mucho más peligrosas para ellas mismas que para nosotros. Las armas nucleares y el cambio climático son solo dos de las muchas circunstancias que podrían dar lugar a la destrucción de una civilización.

Pero ¿por qué suponemos automáticamente que otras civilizaciones querrían siquiera visitarnos o comunicarse con nosotros? Dejando a un lado la cuestión de qué atmósfera y qué entorno necesitarían los extraterrestres para sobrevivir, ¿qué interés tendría para ellos la Tierra como destino?

Imagina que pudieras visitar uno de los siguientes dos planetas: el primero es cinco mil años más joven que la Tierra y el segundo cinco mil años más antiguo. Ambos presentan signos de vida y se encuentran a una distancia similar. ¿Cuál elegirías? Cada vez que hago esta pregunta, la mayoría de la gente elige el segundo y más avanzado. Supongamos que a una ficticia civilización alienígena le dieran a elegir lo mismo. Utilizando ese razonamiento, nuestro espectacular planeta resulta un poco menos interesante. Que no se me entienda mal: la Tierra es mi planeta favorito, pero en cuestiones tecnológicas todavía estamos en pañales. Es cierto que doce astronautas han pisado la superficie lunar, pero hasta el momento los seres humanos no han llegado siquiera al planeta más cercano, por no hablar de las estrellas. Pudiendo escoger, ¿realmente elegiría alguien la Tierra... en este momento? En el caso optimista de un cosmos lleno de mundos amistosos, la Tierra aún no puede sentarse a la mesa con los mayores.

La premisa de que cualquiera que pudiese llamarnos lo haría de inmediato parece errónea, por lo que el gran silencio resulta menos inquietante.

Hablando con una medusa

Si alguna vez encontrásemos otra civilización con la que pudiésemos comunicarnos por medio de señales de radio o de luz visible, que viajan mucho más deprisa que cualquier nave espacial, ¿qué les diríamos a sus integrantes? ¿Qué preguntas les haríamos? Y ¿cómo se las preguntaríamos? Parece poco probable que entendiesen el inglés, el español, el chino o cualquiera de los miles de lenguas que se hablan en nuestro hermoso planeta. La cosa podría terminar en algo parecido a una persona que intenta hablar con una medusa. Yo ya lo he intentado, y con resultados muy poco prometedores. Y eso que la medusa estaba justo delante de mí. Podía verla y podría haberla tocado (de lo que me abstuve), y escuché todos los sonidos que pudiera emitir, en un vano intento de aprender su idioma. Nótese que no soy una experta en intercambio de información entre las especies, aunque hay muchos científicos en todo el mundo que estudian la comunicación de los delfines, las ballenas, los chimpancés y los perros, entre otros animales; ojalá tengan mejor suerte. Para interpretar y entender a otras especies, hay que fijarse en su comportamiento y en otras señales visuales, combinándolas con nuestra interpretación de los sonidos. Es un trabajo desmoralizador. ¿Os imagináis lo difícil que resultaría en el caso de una civilización a la que ni siquiera podéis ver? Una civilización interestelar

26   MUNDOS EXTRATERRESTRES

avanzada que intentase hablar con otra menos desarrollada se parecería un poco a una persona que tratase de interpretar el movimiento de un banco de peces, que es dinámico, intencionado e incluso hermoso, pero, en definitiva, misterioso en cuanto a su finalidad.

Aunque los seres humanos no están más que en las primeras etapas de los intentos de establecer comunicación con otras especies, las civilizaciones espaciales deberían tener algo en común con nosotros. Para encontrar otras civilizaciones y comunicarse con ellas a distancias cósmicas, esas culturas tendrían que comprender cómo funciona el cosmos. Y, si bien los seres humanos han utilizado muchos métodos para conseguirlo —desde la lectura de hojas de té hasta la adivinación—, solo hay una forma segura de averiguar cómo se mueven los planetas y cómo funcionan las naves espaciales y las señales de radio: el método científico. El método científico es despiadado en el sentido de que no le importa lo que queramos descubrir, pero esa es también una de sus virtudes: con datos nuevos surgen nuevas ideas que dejan atrás los conceptos anticuados. La ciencia nos obliga a buscar información fiable, siendo este un elemento fundamental que cualquier especie necesita para descubrir nuevos planetas y para enviar o buscar mensajes, por no hablar de la construcción de medios seguros de navegación espacial que nos permitan alcanzar nuestro objetivo.

HE AQUÍ PLÁTANOS, ALIENÍGENAS Y DRAGONES

En una ocasión comencé una clase en el curso introductorio que impartía sujetando un plátano con la mano y preguntándoles a mis alumnas y alumnos: «¿Este plátano podría ser un alienígena?». Entiéndaseme bien: yo no creo que un plátano sea un alienígena, o al menos creo que se trata de una posibilidad muy pero que muy improbable. Pero un plátano fue el único objeto poco habitual que encontré en mi mochila, y yo quería plantear una cuestión. ¿Cómo sabemos realmente si una cosa es un alienígena o no lo es?

Para encontrar vida en el cosmos, tenemos que estrujarnos la cabeza y buscar en los límites de la tecnología. No solo tenemos que trabajar en el límite del conocimiento, sino que además debemos hacer las preguntas adecuadas y despojarnos de prejuicios. El cerebro humano ha evolucionado para detectar pautas, un rasgo evolutivo muy importante para unos seres que, antes de ser depredadores, habían sido presas. Si nuestros antepasados observaban atentamente a los leones escondidos entre la alta hierba antes de que estos se abalanzasen sobre ellos, entonces sobrevivían. Si había alguna falsa alarma y se malgastaba innecesariamente un poco de energía, eso siempre era mejor que ser sorprendidos de repente por los leones. Nuestros antepasados aprendieron a percibir la presencia de depredadores fijándose en los pequeños cambios que se producían en su entorno: la curvatura de la hierba, un misterioso silencio repentino o un ligero movimiento entre los arbustos. Muchas señales a la vez, aunque fuesen casi imperceptibles, los ponían sobre aviso. La capacidad para distinguir pautas sigue siendo útil, pero también puede hacernos creer que vemos cosas que en realidad no están ahí.

Veamos, por ejemplo, la cara humana que muchas personas creyeron reconocer en antiguas imágenes que la NASA había tomado de una formación rocosa en la región de Cidonia, en Marte. Esto suscitó infinidad de preguntas sobre si los extraterrestres nos habían dejado un mensaje grabado en el paisaje marciano. Pero ¿no es curioso que se tratara de una cara humana y no, por ejemplo, de la de un perro o un oso panda? Tal vez aquello revelaba la esperanza inconsciente de que los extraterrestres fuesen como nosotros. Posteriormente, otras imágenes más nítidas de las rocas cidonias demostraron que, solo a baja resolución y cuando el sol les daba de lleno, podían confundirse con un rostro humano. Pero ese episodio nos sirve para recordar que la capacidad de nuestra especie para ver pautas puede resultar engañosa cuando

28 MUNDOS EXTRATERRESTRES

intentamos dar sentido a una información nueva. Una de las ventajas del método científico —o desventajas, en función de a quién le preguntemos— es que nos exige aceptar lo que Thomas Henry Huxley (un biólogo británico del siglo XIX) denominó «la gran tragedia de la ciencia: que un horrendo dato pueda acabar con una hermosa hipótesis».

Hacer las preguntas adecuadas nos sirve para determinar qué es una pauta real y qué es solo ruido. Volvamos al plátano y empecemos a hacer preguntas. ¿De qué está hecho un plátano? ¿De dónde procede? ¿Se parece a otros objetos que nos resultan familiares? ¿Comparte sustancias químicas o propiedades genéticas con otros objetos reconocibles en la Tierra? ¿Se comporta de una manera novedosa? Resulta que sabemos, después de cientos de años de agricultura, dónde crecen los plátanos, sabemos que se llevan cultivando en la Tierra desde hace mucho tiempo y sabemos cómo evolucionaron en nuestro planeta. Así que podemos estar completamente seguros de que los plátanos no son extraterrestres y que podemos usar el mismo proceso mental para determinar que ni tú, ni yo ni tu taza de café son alienígenas. Sin embargo, otras afirmaciones no son tan fáciles de desmontar.

Pasemos a otro experimento mental más emocionante: en otra conferencia, ofrecí a mi audiencia la oportunidad de comprar un dragón. «Será una buena inversión —les digo—. ¿A quién no le gustaría tener un dragón?». Al principio, hay muchos compradores interesados, pero cuando les pido cincuenta mil dólares por el dragón, empiezan a hacerme preguntas. ¿Pueden verlo primero? La respuesta es no, porque mi dragón es invisible. ¿Pueden tocarlo? La respuesta también es no. ¿Pueden oírlo rugir o verlo soltar fuego por la boca? No, porque este tipo de dragón es mudo y no escupe fuego. Cuando vuelvo a preguntar quién está interesado, veo que el entusiasmo de los potenciales compradores se ha esfumado.

Por desgracia, no tengo ningún dragón que vender, pero el ejemplo los anima a utilizar el método científico para que no los ti-

A PUNTO DE ENCONTRAR VIDA EN EL COSMOS

men. Partiendo de la hipótesis de que los dragones existen, los estudiantes desarrollan diversas pruebas para demostrarlo. Si todas las pruebas fallan, entonces los dragones no existen, al menos que sepamos. Nadie me daría cincuenta mil dólares por un dragón que nadie puede ver, oír ni tocar. Sigilosamente, el método científico había tomado las riendas de su pensamiento.

La gente aplica automáticamente el método científico a la hora de comprar un dragón, pero, curiosamente, no lo utiliza en el caso de otras afirmaciones sorprendentes. Supongamos que alguien te promete que, si le das cincuenta mil dólares, te mostrará una prueba de la existencia de vida extraterrestre; eso sería una ganga si resultara ser cierto. Se origina un animado debate cuando pregunto a mi alumnado qué prueba los persuadiría a pagar. ¿Y si no pueden verla, tocarla ni oírla? ¿Y si la prueba no es más que una mancha en una foto que esa persona les enseña? ¿Es la vida extraterrestre la única explicación? Encontrar el primer signo de vida alienígena es un premio verdaderamente tentador. Pero ahí es cuando el método científico desenmascara a los impostores: si solo lo afirma una persona, ten cuidado. Es necesario que otros científicos confirmen de manera independiente los resultados y las observaciones, y, hasta el momento —por desgracia—, en ningún avistamiento o hallazgo inicial hemos encontrado prueba alguna que se sostenga tras una investigación posterior. «Las afirmaciones extraordinarias requieren pruebas extraordinarias», escribió Carl Sagan en una ocasión. Las pruebas de la existencia de vida extraterrestre deben someterse a un meticuloso examen, pues serían realmente extraordinarias.

Otra cuestión fundamental en la que insisto en mis clases es que, para resolver un problema, primero hay que describirlo. Y para ello hay que dar con el lenguaje adecuado. El lenguaje que revela los misterios del cosmos es el de las matemáticas. La ventaja de ese lenguaje es que es el mismo en todas partes. Una vez que lo aprendes, puedes hablar con todos los científicos del mundo, creando una enorme red de pensamiento. Con este lenguaje puedo usar códigos digitales para «pintar» mundos imaginarios en la pantalla de mi portátil. Mi lienzo es el ordenador: nuevos planetas surgen de las cadenas de dígitos codificadas en un potente programa informático que registra características como el calor, la humedad y la gravedad para crear planetas que giran alrededor de otras estrellas. Mi objetivo final: quiero saber si estos nuevos mundos podrían albergar vida y cómo encontrarla.

Con esas herramientas podemos superar la desventaja de no contar con naves espaciales que busquen vida en el universo. Cualquier biosfera que se extienda por un planeta probablemente lo cambiará: eso es lo que sucedió en la Tierra. Por ejemplo, hace unos dos mil millones de años, las primeras formas de vida sobre nuestro planeta crearon tanto oxígeno residual que la atmósfera se transformó. Tales acontecimientos nos permiten localizar la presencia de vida en el cosmos, tanto si quiere comunicarse con nosotros como si no. Si los organismos no influyesen en la biosfera de sus planetas, nuestra búsqueda sería inútil, y solo podríamos esperar a que alguien, en algún momento, decidiera enviarnos un mensaje interestelar.

Una forma de averiguar si una nave espacial puede detectar signos de vida en un mundo deshabitado —sin recurrir a ningún mensaje— es analizar nuestro punto azul pálido desde el espacio. La nave espacial Galileo, la primera misión que orbitó Júpiter y lanzó una sonda para penetrar en la atmósfera del planeta gigante en 1995, sobrevoló previamente la Tierra, un año después de su lanzamiento en 1989, con el fin de tomar impulso para su viaje, y durante ese movimiento de traslación inspeccionó nuestro planeta. Carl Sagan utilizó esa información para descifrar cómo eran los indicios de vida sobre la Tierra vistos desde el espacio. Se trataba de una primera prueba de preparación para el futuro, cuando un telescopio fuese capaz de capturar la luz de un mundo similar que girase alrededor de otro planeta. Vista desde el espacio, la Tierra presenta una combinación de gases que los científicos solo pueden atribuir a la existencia de vida. Aunque detectar la presencia de gas probablemente no tenga el mismo efecto que un mensaje escrito en las estrellas con las palabras «Hola, terrícolas» —o su equivalente en el lenguaje de los celentéreos—, ese hecho nos da la oportunidad de surcar el cosmos en busca de otras formas de vida, quieran o no quieran comunicarse.

El disco de oro: un mensaje en una botella

Cuando en 1977 se lanzaron la Voyager 1 y la Voyager 2 para explorar los planetas exteriores del sistema solar, la NASA incluyó un mensaje de la humanidad en cada nave espacial: el disco de oro. Con la inscripción «A los creadores de música de todos los mundos y de todas las épocas», se trata de una cápsula del tiempo que abarca la vida sobre la Tierra. Carl Sagan dirigió el equipo que elaboró el mensaje interestelar de las Voyager, una síntesis fonográfica de nuestros logros técnicos y artísticos, en colaboración con la excepcional Ann Druyan, quien ejerció de directora creativa y más tarde ganó los premios Peabody y Emmy por su labor de escritora, directora y productora, además de colaboradora de Carl Sagan, con quien se casó.

El disco de oro cuenta la historia de nuestro planeta, una historia compuesta de imágenes, sonidos y hechos científicos: ciento quince imágenes de la vida en la Tierra y noventa minutos de repertorios musicales procedentes de diferentes culturas y épocas; sonidos naturales producidos por el oleaje, los truenos y el viento; cantos de ballenas y aves; sonidos humanos como el de la risa; y salutaciones pronunciadas en cincuenta y cinco lenguas, entre las que se encuentra un «Saludo de los niños del planeta Tierra». (Véase la lista de reproducción del disco de oro al final del libro).

¿Por qué un disco? Porque puedes explicarle fácilmente a cualquiera que no haya visto ninguno cómo se pone un disco. Las dos sondas Voyager llevan a bordo una aguja para que otra civilización pueda hacerse su propio tocadiscos. La carátula del disco le explica al destinatario cómo debe colocar la aguja en el borde exterior del disco para reproducirlo. Una vuelta del disco de oro debe durar 3,6 segundos. Pero un segundo terrestre es un intervalo de tiempo arbitrario que se basa en las veinticuatro horas de rotación de la Tierra actual; incluso en otros planetas del sistema solar, un segundo terrestre no significa nada. Ninguno de ellos tarda veinticuatro horas en completar el movimiento de rotación. Por eso es más que probable que otras civilizaciones midan el tiempo de una manera completamente distinta. ¿Cómo convertir las revoluciones a las que debería girar el disco a una medida cósmica estándar? El equipo resolvió el problema usando una constante temporal que cualquier civilización espacial debería comprender, esto es, una característica fundamental del átomo de hidrógeno: el tiempo que necesita este para pasar del estado de energía más bajo al inmediato superior, que es aproximadamente de 0,7 milmillonésimas de segundo. Esa cantidad multiplicada por cinco mil millones equivale a 3,6 segundos terrestres. Los discos están grabados en cobre, chapados en oro y sellados en cajas de aluminio, lo que les da una longevidad de más de mil millones de años. Son regalos que un punto azul pálido le hace al universo. ¿Las civilizaciones extraterrestres saben fabricar tocadiscos? Tal vez sí, tal vez no. Pero lo importante es poder mostrar que el disco contiene información. Es un mensaje creado sin saber cómo percibe el mundo otra forma de vida. Los organismos interactuarán con su entorno, y, si esos seres son capaces tan solo de percibir la estructura del disco, entonces podrán descifrar el mensaje cósmico de la humanidad.

En la carátula figura también un mapa que especifica la ubicación del sistema solar con relación a los púlsares. Un púlsar es un núcleo estelar colapsado resultante de la tremenda explosión que se ha producido al final de la vida de una estrella gigante, como veremos más adelante. Los púlsares son visibles a grandes distancias cósmicas, más allá de las galaxias, y es posible identificarlos individualmente basándose en el número de señales por segundo que cada uno de ellos emite. El equipo del disco de oro situó el sistema solar en el mapa cósmico indicando su ubicación con relación a catorce púlsares cercanos.

A bordo hay también una fuente de uranio-238 que hace las veces de reloj. El uranio es radiactivo por naturaleza, lo que significa que su núcleo es inestable y se descompone constantemente en elementos radiogénicos. La mitad del uranio-238 se habrá descompuesto dentro de cuatro mil quinientos millones de años, por lo que, comparando el uranio-238 restante con lo que queda de sus elementos radiogénicos, los destinatarios de los discos sabrán cuánto tiempo llevan viajando las sondas y cuándo se lanzaron al espacio. Iniciaron su viaje cósmico el año en el que yo nací. Solo una parte insignificante del uranio-238 se ha descompuesto desde entonces. Los discos de oro recorrerán el espacio durante miles de millones de años, acoplados al exterior de las sondas Voyager.

En la inmensidad del universo, las probabilidades de que alguien encuentre las sondas en su viaje a través de las enormes distancias que hay entre las estrellas son ínfimas. Las dos sondas Voyager salieron del sistema solar tras finalizar su misión principal, que era el estudio de nuestros gigantes gaseosos. Con la poca energía que les queda, están analizando el espacio interestelar para proporcionar a los científicos los primeros datos sobre lo que ocurre cuando la influencia de nuestro Sol disminuye. Solo las civilizaciones espaciales más avanzadas podrían localizar las sondas en el cosmos, porque ni la Voyager 1 ni la Voyager 2 fueron diseñadas para aterrizar en ninguna parte. No tienen ningún destino concreto. Las astronaves tardarán unos cuarenta mil años en pasar siquiera cerca de otra estrella. Y solo se acercarán a unos quince billones de kilómetros de la estrella Gliese 445, en el caso de la Voyager 1, y de la estrella Ross 248, en el caso de la Voyager 2. Ambas son estrellas rojas frías ubicadas en nuestro vecindario cósmico.

Si alguien encuentra el disco de oro dentro de millones o miles de millones de años, tal vez se trate del último vestigio de nuestra civilización. Incluso puede que sea nuestro logro más duradero. Nos refleja en un momento de nuestra evolución en el que podíamos enviar al cosmos un mensaje físico. En el libro *Murmullos de la Tierra* (1978), de Carl Sagan y el equipo del disco de oro, Ann Druyan escribió: «La Voyager avanza entre las estrellas, con su cargamento de imágenes y recuerdos, y, siguiendo la lógica de semejantes distancias, nos mantiene vivos».

¿Qué grabarías en un disco para expresar lo que significa ser humanos, limitándote a ciento quince imágenes y noventa minutos de música? Cuando intento hacer una lista como esa, me doy cuenta del asombroso viaje que la humanidad ha emprendido. Las misiones Voyager continúan su periplo hacia las siguientes estrellas. Y, aunque no sepamos si algún extraterrestre ha escuchado ya el disco de oro, Carl Sagan resumió hábilmente su importancia: «Alguien encontrará las sondas y escuchará el disco solo si hay avanzadas civilizaciones tecnológicas en el espacio interestelar, pero el lanzamiento de esta "botella" al "océano" cósmico dice cosas muy esperanzadoras sobre la vida en este planeta».

Hay una canción en el disco que siempre me conmueve: «Dark Was the Night, Cold Was the Ground», grabada en 1927 por el jazzista texano Blind Willie Johnson. En 1945, un incendio arrasó la casa de Willie Johnson, pero él siguió viviendo entre las ruinas porque no tenía adónde ir. Contrajo la malaria, pero los hospitales se negaron a tratarlo porque era negro, según unas versiones, o porque era ciego, según otras. No sabemos siquiera dónde está enterrado, pero su canción viaja a bordo de dos aeronaves con rumbo a las estrellas. Y, a lo mejor, algún día, alguien encontrará una de ellas: un rayo de esperanza en la oscuridad.

Un punto azul pálido

Antes de que la Voyager 1 tomase el último impulso para salir del sistema solar, Sagan convenció a la NASA para que le diera la vuelta a la sonda con el fin de tomar una última imagen de la Tierra, su planeta de origen. Esta espectacular fotografía, que fue tomada el día de San Valentín de 1990, hace ya más de treinta años, muestra la Tierra como un diminuto punto de luz pendiente de un rayo de sol en el oscuro lienzo del espacio. Los grandes océanos y la mezcla de nubes se asocian para teñirlo de azul claro. Esa imagen cambió mi forma de entender nuestro mundo.

La imagen de nuestro punto azul me hace recordar todos los días lo hermoso y, al mismo tiempo, lo frágil que es nuestro planeta. La mayor parte del aire que respiramos se encuentra dentro de los diez primeros kilómetros sobre el nivel del mar. Si pudiéramos recorrer tranquilamente en coche la distancia que nos separa del espacio, por ejemplo a cincuenta kilómetros por hora, tardaríamos solo doce minutos en llegar a la meta. Si la Tierra fuese del tamaño de una manzana, nuestra atmósfera sería más fina que el grosor de su piel. Para sobrevivir, la humanidad ha de cuidar con la mayor dedicación esa fina capa que nos protege de la fatalidad inexorable.

La foto se tomó desde solo 5,5 horas luz de distancia (a unos seis mil millones de kilómetros del Sol), una distancia comparable a la que hay hasta Neptuno.

CAPÍTULO

2

Cómo construir un mundo habitable

> Considero los registros geológicos como una histo-
> ria del mundo imperfectamente conservada y escri-
> ta en un dialecto cambiante, y de esta historia po-
> seemos solo el último volumen, que abarca nada
> más que dos o tres países. De este volumen solo se
> ha conservado aquí y allá un breve capítulo, y de
> cada página, solo unas pocas líneas sueltas.

CHARLES DARWIN, *El origen de las especies* (1859)

PASADO, PRESENTE, FUTURO

Mi mundo constaba inicialmente de nuestra casa en la campiña
austríaca con su jardín encantado y los antiguos y enormes árboles
que se mecían con el viento los días de tormenta, y las pocas casas
de alrededor, entre las que se encontraba la granja de mis abuelos.
Todos los veranos, mi abuelo salía con la guadaña y segaba la
hierba para conservarla como heno. Mis padres le echaban una
mano, mientras mi hermana y yo, asomadas a la ventana, contem-
plábamos la transformación de los campos, donde la alta hierba se
convertía en hileras de heno que se secaban al sol, alterando los

colores para reflejar la transición del mundo que me rodeaba: mi introducción al ciclo cromático de las estaciones.

La casa de mi mejor amiga estaba solo a unos minutos de la mía caminando. Ella y yo nos embarcábamos en innumerables aventuras imaginarias en mundos construidos con bloques de Lego. Nuestras excursiones imaginarias, durante las cuales nos ocurrían innumerables peripecias, eran todo lo que podíamos soñar. Los bloques de Lego eran una de mis posesiones más preciadas porque podían convertirse en castillos, naves espaciales, casas o imponentes montañas. En el sótano, mi padre me enseñaba a hacer esculturas de madera y a plasmar en el lienzo el mundo que me rodeaba. Ya entonces me encantaba construir cosas, mucho antes de licenciarme en Ingeniería y participar en el diseño de naves espaciales para buscar mundos extraterrestres.

A menudo me aventuraba por los campos hasta la granja de mis abuelos para dar de comer a las docenas de gallinas cluecas. El olor de los pasteles recién hechos, rellenos de ciruelas y mermelada, me atraía a la pequeña y acogedora cocina, caldeada siempre por una vieja estufa de leña. Mis visitas se veían casi siempre recompensadas con los pastelitos calientes de mi abuela, que hacían presagiar los placeres de la exploración.

La escuela estaba a quince minutos a pie, un paseo que yo daba con sol, lluvia, tormenta o nieve en compañía de los pocos niños que vivían a lo largo de la carretera. Pude observar de cerca los poderosos fenómenos meteorológicos de nuestro planeta. En mi pueblo y sus alrededores vivían unos cientos de personas. Todos sabían dónde vivía cada niño, y se aseguraban de que llegásemos a nuestro destino. Aquello nos daba una completa libertad. Aquellas aventuras sentaron las bases de mi afición a las exploraciones, que ahora abarcan mundos muy alejados del nuestro.

En mi pueblo natal, las farolas se apagaban a eso de las nueve de la noche, y quedaba sumida en una oscuridad aterciopelada que era custodiada por miles de estrellas y hacía que mi mundo se extendiese mucho más allá de nuestro propio planeta. En algunas

CÓMO CONSTRUIR UN MUNDO HABITABLE

zonas del cielo, las estrellas formaban una hermosa franja de luz: demasiadas estrellas para poder distinguirlas individualmente. Aquello ocurría sobre todo en las frías noches de invierno, cuando mi aliento se condensaba a causa del aire gélido y las estrellas parecían brillar cada vez con más intensidad.

Pasábamos las vacaciones de verano en un pueblo todavía más pequeño, en una cabaña de madera situada en la ladera de una montaña del sur de Austria que me ofrecía nuevas panorámicas de las estrellas y nuevos misterios sobre los que reflexionar. El frío amanecer de finales de verano nos encontraba acurrucados frente a la pequeña estufa de hierro, esperando a que el calor derritiese nuestro aliento. El agua para beber y lavarse estaba helada porque la habíamos sacado de un pozo cercano, pero era un agradable refresco, sobre todo después de subir a las cimas de las montañas, donde la piedra gris reemplazaba a la exuberante vegetación, dando lugar a un paisaje completamente diferente. Aquel ecosistema con abundancia de vida propia era un poco distinto del que estaba acostumbrada a ver en mi pueblo, lo que me llevó a pensar en cómo sería la vida en lugares que aún no conocía.

En casa o de vacaciones, mi madre siempre estaba dispuesta a escuchar mis historias. También alimentaba mi creciente afición a la lectura. Cuando tenía diez años, la biblioteca desistió de poner límites al número de libros que podía sacar de allí, por lo que me llevaba a casa montones de ellos para sumergirme en los mundos que aquellas páginas me hacían imaginar. ¿Quién iba a pensar que algún día yo sería quien llenase alguno de los espacios vacíos de las estanterías?

Cuando me hice mayor, mi mundo se extendió más allá de Austria. Durante los viajes en familia a Italia, conocí a personas que sonreían mucho, pero no entendían lo que les decía, y eso me hizo ver lo difícil que puede llegar a ser la comunicación, incluso con personas que viven a solo unas horas en coche. A veces mi padre invitaba a comer a visitantes de otros países, pues era un ingeniero civil que construía complejas estructuras por todo el mundo. Recuerdo que sus colegas japoneses hacían una reverencia en vez de estrechar la mano. Lo que más me fascinaba era su idioma, que no se parecía a ninguno que yo hubiera oído antes. Durante la cena, la conversación se desarrollaba a veces en un inglés chapurreado. Yo solo sabía algunas palabras inglesas que había aprendido en el colegio, pero esas pocas palabras me permitían relacionarme con otras personas. Como en mi viaje a Italia, las pocas palabras que conocía me permitían aprender algo nuevo. Los invitados me mostraron su escritura, los *kanji* japoneses: hermosas imágenes hechas con pinceladas que forman una imagen que representa una palabra, revelándome una forma alternativa de comunicación que yo desconocía. Esa curiosidad avivó mi afición a las lenguas y a explorar el mundo viajando y aprendiendo el idioma de los países en los que viví (España, Portugal, los Países Bajos, Estados Unidos). Todavía me llena de entusiasmo observar cómo determinadas palabras y símbolos que en principio no tienen sentido se transforman en puentes que me permiten comunicarme con personas de múltiples países.

Mi mundo comenzó siendo un pueblecito, pero se fue agrandando hasta abarcar todo el planeta, y luego se extendió al cosmos, donde había nuevos planetas por explorar utilizando todos los medios posibles. Los misteriosos puntitos titilantes de mi infancia se han convertido en esferas de gas incandescente, y el cielo, en un libro de historia del cosmos, pero, cuando de noche contemplo el firmamento, sigo sintiendo la apasionada necesidad de descubrir qué hay en el espacio, como cuando era una niña.

Los ingredientes básicos para un mundo habitable

Lo único que hay a tu alrededor es un vasto océano ondulante cuya superficie solo se ve interrumpida por las lejanas cimas de los volcanes activos que escupen lava y gas. El casi interminable mar se extiende hasta el horizonte, y el oleaje de su superficie transporta has-

ta la orilla el olor a sal. Solo el sonido de las olas que rompen en la ribera y la fuerza del viento suspenden el silencio absoluto.

Las islas que salpican el océano son yermas. No hay hierba, ni árboles ni animales en ninguna parte. El silencio es estremecedor. Nada se mueve, salvo las olas y la roca fundida que revienta bajo la corteza. Los volcanes originan torrentes de lava al rojo vivo que vierten su calor en el frío seno del inmenso mar.

Las estrellas forman figuras desconocidas y, mirando al cielo, buscas en vano una constelación reconocible, como Orión o la Osa Mayor. Una luna enorme y oscura asoma en el cielo. Los crepúsculos matutino y vespertino se suceden cada pocas horas en este extraño mundo.

Cuando buscamos vida en el cosmos, la Tierra es nuestra única clave para revelar los secretos de lo que hace falta para que esta se origine. Todo comienza con unos pocos ingredientes: una roca en el espacio, calor procedente de su estrella, agua, carbono y viento en la superficie de un nuevo mundo.

Lo primero que necesitamos es una roca en el espacio, como un planeta o una luna. La mayor fuente de energía para nuestro planeta es la luz del Sol. Añadamos, pues, luz solar a la roca que hay en el espacio. Puesto que la roca gira alrededor de una estrella, la denominamos *planeta*. Si este carece de atmósfera, la energía procedente de la estrella calentará la superficie del planeta, que devolverá la energía al espacio. Por lo general, no sucede mucho más en esos casos, y el planeta parece haberse detenido en el tiempo, como Mercurio, el planeta más cercano al Sol, que tiene el mismo aspecto desde hace millones de años y probablemente lo seguirá teniendo durante muchos millones más. Es decir, a menos que algo choque contra él, en cuyo caso tendría un cráter más.

Añadamos una atmósfera. El planeta solo conseguirá conservarla si es lo bastante masivo para que su atracción gravitacional impida que el gas se escape. Si lo es, entonces la historia de esa roca se pone más interesante: la luz de la estrella calienta tanto su atmósfera como su superficie.

Si bien un planeta con atmósfera es mucho más interesante que otro sin ella, todavía necesitamos un ingrediente fundamental para la vida tal como la conocemos: agua en estado líquido. El agua líquida se evapora y se convierte en gas cerca de la superficie de la Tierra, y luego asciende por la atmósfera hasta alcanzar una altura en la que haga el frío suficiente para que se vuelva a condensar, haciendo que la lluvia o la nieve caigan sobre el suelo. La zona situada alrededor de una estrella en la que un planeta no es demasiado cálido ni demasiado frío para contener océanos y mares en su superficie se denomina *zona de habitabilidad*, y es el mejor terreno para las formas de vida capaces de alterar su entorno. La zona de habitabilidad en las inmediaciones de una estrella es el lugar ideal para iniciar la búsqueda de un planeta que pueda albergar vida.

PRIMERO: CREAR UNA ROCA EN EL ESPACIO

Hace unos cuatro mil quinientos millones de años se formó una típica estrella —aunque para nosotros muy especial— con ocho planetas. Miles de millones de años más tarde, la vida en la tercera roca que orbita ese cuerpo celeste le daría el nombre de Sol. Cuatro mil quinientos millones es un número larguísimo. Para hacernos una idea, cuatro mil quinientos millones de segundos equivalen a un poco más de ciento cuarenta y dos años, bastante más de lo que dura la vida humana. Hace cuatro mil quinientos millones de años nuestro rincón del universo era muy diferente. En una galaxia llamada Vía Láctea, una gran nebulosa compuesta principalmente de átomos de hidrógeno y pequeñas cantidades de gas, hielo y partículas minerales giraba lentamente en el interior de uno de sus brazos espirales. La temperatura era gélida, de unos -270 °C, muy próxima al cero absoluto. La nebulosa giraba muy despacio. Pero entonces una onda expansiva procedente de la explosión de una estrella cercana produjo un cambio catastrófico. La nube fría se desmoronó. Como en innumerables ocasiones anteriores, la gravedad atrajo la materia circundante hasta formar una masa central caliente y densa: una estrella joven.

La gravedad, el arquitecto más influente del cosmos, es la atracción entre diferentes objetos. Cuanto más cerca se encuentran los objetos entre sí y cuanto mayor es su masa, tanto mayor es la fuerza de gravedad. Esta nos mantiene con los pies en el suelo e impide que flotemos en el espacio. La gravedad agrupaba cada vez más partículas en esa nebulosa de gas que giraba lentamente. Cuantas más partículas se aglomeraban, mayor era la fuerza de gravedad en este rincón de la nube y mayor la cantidad de materia que atraía hacia su núcleo. Por último, su centro se calentó tanto y se hizo tan denso a causa de la presión de toda la materia suprayacente que los átomos de hidrógeno chocaron entre sí a tal velocidad que se aglutinaron, creando átomos de helio y energía.

Un átomo de helio es solo un poco más ligero que los cuatro átomos de hidrógeno que lo componen. Y esa pequeña diferencia de masa tiene enormes consecuencias. Hace más de un siglo, Albert Einstein plasmó la increíble fuerza que tiene un poco de masa convertida en energía en su famosa fórmula que relaciona la energía (E) con la masa (m) y con la velocidad de la luz (c): $E = mc^2$. El cambio de masa resultante de la transformación de cuatro átomos de hidrógeno en un átomo de helio es inferior a un 1 %, pero ese minúsculo cambio es lo que alimenta al Sol, mantiene caliente la Tierra e hizo posible nuestra existencia. El Sol pierde unos cinco millones de masa cada segundo. Para hacernos una idea, una ballena azul adulta pesa unas cien toneladas. De modo que el Sol pierde el equivalente a la masa de cincuenta mil ballenas cada segundo.

En el sistema solar hay algo que llama la atención: todos los planetas giran alrededor del Sol en la misma dirección. Podrían orbitar en cualquier sentido y seguirían ateniéndose a la ley de la gravedad; así que el hecho de que no lo hagan nos hace pensar que se formaron a partir de materiales que se movían alrededor del joven Sol en esa misma dirección. Además, nuestros planetas se encuentran también en un mismo plano, lo que indica que se formaron a partir del mismo disco giratorio de polvo y gas.

Los astrónomos han descubierto tales discos planos alrededor de otras estrellas jóvenes. Se trata de guarderías planetarias, lugares donde las estrellas en fase embrionaria forman sus propios sistemas planetarios y crean intrigantes nuevos mundos que aún están por descubrir. Observarlos es como echar un vistazo a nuestro pasado, cuando la Tierra era uno de los planetas que acababan de formarse a partir de guijarros que chocaban entre sí alrededor de un Sol incipiente. Hay un reloj que hace tictac mientras se acerca la formación de los planetas. Una pequeña fracción, aproximadamente el 1 % de toda la materia que cae en el centro, no llegó a formar parte de la estrella central porque la nebulosa ya había empezado a rotar. En lugar de ello, esa pequeña parte rebotó hasta crear un disco plano que daba vueltas alrededor de la estrella en ciernes. En ese disco, las piedras, el hielo y el gas formado por moléculas como el agua, el dióxido de carbono, el metano y el amoníaco colisionaban entre sí.

Primero, las diminutas partículas de piedra y hielo se convierten en guijarros y luego en pedruscos, creando objetos cada vez más grandes. Al haber millones de piedras como esas girando alrededor de una estrella joven, la más mínima desviación de su trayectoria hace que choquen contra sus vecinas. La gravedad de la estrella las atrae, al igual que la gravedad de todos los guijarros y pedruscos que las rodean, arrastrándolas en distintas direcciones. Imagina que estás viendo un maratón en el que los participantes corren codo con codo. Si alguien tropieza, los otros atletas cambiarán su trayectoria y chocarán con los corredores que están a su lado, lo que producirá una reacción en cadena de atletas que chocan entre sí. Ahora imagina, en vez de corredores, piedras y bolas de nieve. Estos fragmentos a veces chocan entre sí y pueden quedarse pegados, a diferencia de los corredores. Algunos trozos también son catapultados hacia la oscuridad del espacio o hacia la joven estrella. Estos discos sobreviven solo entre diez y cien millones de años, un suspiro desde el punto de vista cósmico. Este crecimiento acelerado, que dura solo unos pocos millones de años, hace que las motas de polvo se conviertan en planetas majestuosos, como nuestra Tierra.

La Tierra está situada a una escasísima distancia cósmica de ciento cincuenta millones de kilómetros del Sol. La parte interior del disco giratorio está más cerca de la estrella caliente, por lo que la mayor parte del hielo y el gas se evapora, dejando tras de sí principalmente rocas. Así pues, al igual que la Tierra, los otros mundos que se formaron cerca del Sol (Mercurio, Venus y Marte) son rocosos, porque esa era la materia disponible. Pero, más lejos, en los confines del disco —más allá de lo que los astrónomos denominan *línea de congelación*—, el gas, el hielo y las rocas se entrechocaron y crearon gigantes compuestos de gas y hielo (Júpiter, Saturno, Urano y Neptuno). Estos planetas son completamente diferentes de los mundos rocosos que están más cerca del Sol.

Imaginemos una gran bañera cósmica: si metiéramos en ella a la Tierra, esta se hundiría como una piedra porque está formada básicamente por rocas, pero si metiéramos a Saturno —el planeta gaseoso más conocido de nuestro sistema solar, con sus hermosos anillos brillantes—, flotaría, porque la densidad media de Saturno es menor que la del agua. (Se puede calcular la densidad media de cualquier objeto dividiendo su masa entre su volumen). Saturno tiene más o menos la misma densidad que el algodón dulce.

Imaginemos un nuevo episodio de *Charlie y la fábrica de chocolate* (1964), de Roald Dahl, en el que los personajes pudieran caminar sobre un Saturno de algodón dulce en la fábrica de chocolate del señor Wonka. Pero Saturno no está hecho de algodón dulce. Se compone básicamente de hidrógeno, y su sabor no tiene comparación. La densidad media por sí sola no cuenta toda la verdad, porque incluso un gas caliente se modifica cuando se lo somete a una presión suficiente.

46 MUNDOS EXTRATERRESTRES

Cuanto más nos sumergimos en la atmósfera de un planeta gigante, mayor es la presión del gas suprayacente sobre las regiones inferiores, del mismo modo que, cuanto más nos sumergimos en el mar, mayor es la presión que sentimos. Si camináramos por la superficie de Júpiter, nos hundiríamos en un remolino de gas y seguiríamos hundiéndonos hasta que la enorme presión nos aplastara. El gas se vuelve cada vez más denso, por el aumento de la presión, hasta que llega un momento en que se licúa. Por eso Júpiter tiene el océano más grande del sistema solar. Se cree que el núcleo de Júpiter es sólido y que en él se alcanza la increíble temperatura de 25.000 °C. Se calcula que allí la presión es cuarenta y cuatro millones de veces mayor que en la superficie de la Tierra. Sería como tener ciento cincuenta mil coches apilados encima de nosotros. (Nadie ha estado en el núcleo de Júpiter para confirmarlo).

Por muy misteriosos que sean los imponentes planetas gaseosos del sistema solar, la Tierra, el más grande de los rocosos que giran alrededor del Sol, envuelve el mayor misterio: es el único mundo conocido que alberga miles de millones de formas de vida.

Cómo crear una Tierra

Todo comenzó hace unos cuatro mil quinientos millones de años, cuando nuestro planeta parecía una pesadilla sacada de un libro de ciencia ficción. La Tierra cobró forma durante una colisión de rocas espaciales. Nuestro planeta, todavía joven y abrasador, estaba cubierto de océanos de magma incandescente sobre los que caía sin cesar una lluvia de rocas procedentes del espacio exterior. Aquel enorme aluvión transfirió tantísima energía a la incipiente Tierra que su superficie se fundió y cambió de forma una y otra vez, dando lugar a un paisaje áspero y negruzco donde nuevos torrentes de lava surgían de las ígneas grietas anaranjadas, cubierto todo ello de una gruesa capa de vapor. La joven Tierra estaba envuelta en una densa atmósfera de vapor de agua, nitrógeno y dióxido de carbono. El aire habría resultado tóxico para cualquier viajero en el tiempo que hubiera tenido la desgracia de quedar allí abandonado a su suerte. Incluso el cielo habría tenido un aspecto aterrador. Faltaban las familiares constelaciones. Todas las estrellas se mueven, y las constelaciones que nos sirven ahora de orientación han cambiado en el transcurso de millones de años. En aquella Tierra embrionaria aún no se podía admirar la Luna, pues lo único que se veía era un cielo extraño y sobrecogedor.

Pero, poco después, una violenta colisión modificó la configuración del cielo y lo asemejó al que vemos hoy en día. Un planeta del tamaño de Marte —al que los astrónomos dan, entre otros, el nombre de Teia— se desplazaba probablemente en la misma órbita que la Tierra, y, puesto que dos planetas diferentes no pueden estar a la misma distancia de una estrella, ambos terminaron chocando. Aquella gran colisión fundió la mayor parte del bloque constituido por la Tierra y Teia, por lo que parte de esa roca fundida salió catapultada a gran distancia de nuestro planeta. Pero la mayor parte de ella no pudo escapar a la atracción gravitacional de la Tierra. Los trozos que se estaban enfriando quedaron dentro de un anillo que se había formado alrededor de nuestro planeta, y siguieron chocando entre sí hasta formar una enorme roca. Esa roca se convirtió en la compañera de la Tierra: la Luna. Ninguno de los otros planetas rocosos de nuestro sistema solar tiene un satélite tan grande. Mercurio y Venus no tienen ninguna luna; Marte tiene dos, pero son pequeñísimas y probablemente se trate de cuerpos menores del sistema solar inicial —asteroides— que se acercaron demasiado a Marte y fueron atrapados por su gravedad. También podrían ser el resultado de una colisión acaecida al principio de la historia de ese planeta; habrá que hacer más observaciones para dilucidarlo.

Hoy en día es poco probable que se produzcan colisiones planetarias. Hay mucho espacio vacío entre los planetas y sería realmente difícil chocar contra uno pequeño en la vasta extensión del sistema solar. Las misiones espaciales, que requieren una cuidadosa planificación del itinerario, realizan numerosas maniobras para hacer diana. Una roca que viaja a la deriva por el espacio tiene muchas más probabilidades de esquivar un planeta que de chocar contra él. Pero al principio el sistema solar era muy diferente, pues no todos los objetos habían encontrado el sitio que debían ocupar. Muchos fragmentos pequeños llovieron sobre los planetas durante los primeros cientos de millones de años; los astrónomos llaman a ese período *bombardeo intenso tardío*. Algunos fragmentos colisionaron entre sí.

Algunas colisiones fueron tan violentas que los objetos se hicieron añicos y se disgregaron. Aquellas antiguas colisiones también nos dejaron algunos regalos: pequeños fragmentos de materia, correspondientes al nacimiento del sistema solar, que en ocasiones arden en nuestra atmósfera creando un hermoso espectáculo de luz... o caen al suelo si son lo bastante pesados.

¿Por qué sabemos que la Tierra tiene cuatro mil quinientos millones de años? La respuesta está en algunas modestas rocas que podemos ver en diversos museos de todo el mundo. Se trata de rocas que llegaron a la superficie de la Tierra desde el espacio exterior, pequeños fragmentos de asteroides y cometas: los meteoritos. Es posible calcular su antigüedad porque los meteoritos contienen materia radiactiva. Como ya mencionamos, los átomos radiactivos se descomponen espontáneamente en átomos radiogénicos a una velocidad conocida. El tiempo que tarda la mitad de los átomos en desintegrarse es específico de cada elemento —su vida media—, por lo que, si medimos el número de átomos que aún tienen que desintegrarse y lo comparamos con el número de átomos que ya lo han hecho, tendremos un reloj de una precisión extraordinaria. El ritmo previsible de desintegración de los átomos radiactivos, como los isótopos de uranio, potasio, rubidio y carbono, nos permite medir el tiempo con precisión durante miles de millones de años. Así resolvemos el misterio de la antigüedad de los meteoritos: tienen entre 4,58 y 4,53 miles de millones de años. Eso también nos revela la antigüedad de la Tierra, pues esta se formó a partir de aquellas rocas que giraban alrededor del joven Sol.

Las lluvias de meteoritos que vemos todos los años son espectáculos de miles de pequeñas rocas espaciales que entran en nuestra atmósfera cuando la Tierra las atraviesa en su trayectoria alrededor del Sol. Cuando estas rocas recorren nuestro aire, la fricción con las partículas que encuentran en su camino genera tanto calor que, por suerte, todas ellas se evaporan mucho antes de llegar a la superficie; normalmente, las llamamos *estrellas fugaces* a causa de los hermosos trazos que dibujan en el cielo, pero en realidad se trata de antiguas rocas que arden ante nosotros.

Me encanta observar estos antiguos mensajeros. Cuanta menos luz haya a nuestro alrededor, mejor se ven. En agosto de 2019, estaba yo esperando que esos rastros de luz atravesaran el cielo oscuro y aterciopelado, cerca del embalse de Alqueva, en el Alto Alentejo, al sureste de Portugal. El día había sido tan caluroso que el viento que me daba en la cara parecía proceder de un secador de pelo. La comarca ya estaba completamente a oscuras; los árboles frutales ya no proyectaban sombras sobre las paredes, pero el aroma de las flores silvestres seguía impregnando el aire. Todas las luces estaban apagadas. El único sonido que se oía era el del vuelo de los murciélagos. La hermosa visión de las estrellas que iluminaban la oscuridad solo se vio perturbada por la increíble lluvia de estrellas fugaces que suele observarse hacia el 11 de agosto y que se conocen como perseidas o lágrimas de San Lorenzo. Algunos rastros eran cortos y muy finos. Otros eran tan tenues que apenas se percibían. Otros dejaban tras de sí brillantes estelas luminosas. Allí tumbada, inmersa en la belleza del cielo nocturno, imaginé las rocas que entraban en nuestra atmósfera y chocaban con los átomos y moléculas que componen el aire, ralentizando su antiguo viaje y generando tanta fricción que esos antiquísimos registros de la historia del sistema solar se disgregan y evaporan, dejando tras de sí solo una bellísima estela luminosa como testimonio de su viaje. Pero algunos de esos antiguos mensajeros no solo representan un maravilloso espectáculo, sino que, en raras ocasiones, chocan contra la Tierra y tienen efectos devastadores. A veces los meteoritos dejan cicatrices.

Ya no vemos la mayoría de esas cicatrices en la superficie de la Tierra porque en nuestro planeta los cráteres no duran demasiado. A lo largo de millones de años, la acción del viento y el agua borra eficazmente la historia de esas colisiones. La presencia de cráteres en un planeta rocoso significa que el bombardeo se produjo recientemente o que la superficie no ha cambiado desde entonces. Mercurio y la Luna son dos ejemplos de superficies bloqueadas en el tiempo. Todavía se pueden ver los efectos de las devastadoras colisiones que se produjeron durante el bombardeo intenso tardío, cuando el sistema solar empezaba a formarse.

Dos impactos contra la Tierra famosos y recientes son los de los meteoritos Allende y Cañón del Diablo. En 1969, el meteorito Allende entró en la atmósfera de la Tierra formando una espectacular bola de fuego, explotó y esparció un montón de fragmentos alrededor de Pueblito de Allende, en el norte de México. Aunque nadie presenció la caída del meteorito Cañón del Diablo cuando chocó contra la Tierra hace cincuenta mil años, aquel debió de ser también un espectáculo asombroso, pues formó el Meteor Crater (o cráter Barringer) en Arizona, cuyo nombre se debe a una convención histórica: el United States Board on Geographic Names (Comité Estadounidense para las Denominaciones Geográficas) asigna los nombres de los accidentes naturales basándose en el de la oficina de correos más próxima. Como, en 1906, la más cercana a este accidente geográfico estaba situada en un apeadero ubicado a ocho kilómetros al norte que se llamaba Meteor, recibió dicho nombre.

Un soleado día de verano caminé hasta el fondo abrasador del Meteor Crater. Las personas que sensatamente se habían limitado a caminar por el borde de la depresión topográfica parecían puntitos insignificantes cuando levanté la vista desde ciento setenta metros más abajo. Cuando estás allí, los mil doscientos metros de diámetro del cráter producen estupefacción. Así es fácil imaginar la destrucción que puede causar un fragmento de un cuerpo celeste. La mayor parte de la materia del meteorito se evaporó con el intenso calor que generó al chocar contra la Tierra, pero la enorme onda expansiva resultante hizo estragos en cientos de kilómetros a la redonda, y arrasó y quemó extensos parajes. Los cráteres terrestres parecen mensajeros de tiempos remotos, pero estas dos colisiones en concreto no son en modo alguno las únicas.

Si alguna vez te has preguntado por qué es tan importante explorar el espacio —aparte de para satisfacer la curiosidad—, te diré que una de las razones fundamentales estriba en que la Tierra no es un globo aislado bajo una cubierta protectora. Forma parte de nuestro sistema solar y está integrada en el cosmos. Explorando el espacio que nos rodea, podemos aprender sobre él y sobre nuestro planeta, y cómo enfrentarnos a los peligros del entorno. Hace sesenta y seis millones de años, la colisión de un asteroide acabó con el reinado de los dinosaurios. Pero otros cuerpos más pequeños, como el que originó el Meteor Crater en Arizona, podrían causar una gran devastación si se estrellaran contra una ciudad moderna. Tenemos suerte de que la mayor parte de la superficie terrestre esté cubierta de agua y de que solo pequeñas partes de los continentes estén densamente pobladas. Pero, si queremos ahorrarle un final trágico a nuestra civilización, debemos contar con un programa espacial. Para poder reaccionar, tenemos que ver a tiempo el peligro. Para ello debemos cartografiar el cielo por medio de telescopios y localizar los meteoritos antes de que choquen contra la Tierra. Ese esfuerzo ya ha empezado a hacerse. En efecto, una colisión devastadora es bastante improbable, pero estoy segura de que los dinosaurios habrían querido encontrar la forma de desviar el asteroide que los borró del mapa.

Los seres humanos han desarrollado recientemente la primera herramienta para evitar su extinción. Iniciada en 2021, la misión DART (siglas en inglés de Double Asteroid Redirection Test, «prueba de redireccionamiento de un asteroide binario») de la NASA colisionó adrede con el pequeño asteroide Dimorfos, que orbita alrededor del asteroide Dídimo, el 26 de septiembre de 2022. La colisión hizo que Dimorfos modificara su órbita alrededor del asteroide principal, lo que demostró que la humanidad puede desviar la trayectoria de un cuerpo celeste que se dirija hacia nosotros. Es la primera vez que los seres humanos prueban una tecnología que podría salvarnos de la extinción. Me imagino los gritos de ánimo de miles de millones de dinosaurios: «¡Adelante, humanidad!».

Paraíso o infierno: qué pueden enseñarnos los planetas del sistema solar

Nuestro sistema solar está lleno de mundos diversos y fascinantes —desde las ardientes superficies ácidas de Venus, cubiertas de espesas nubes, hasta los huracanes permanentes del colosal Júpiter o los paisajes glaciales de las lunas heladas—, lo que nos permite hacernos una idea de lo diferentes que pueden ser otros mundos.

Para ver los ocho planetas y los cientos de lunas que hay en nuestro sistema solar, tenemos que alejarnos de la Tierra. El Sol, nuestra estrella, está situado en medio de los ocho planetas que lo rodean. Nuestro sistema solar contiene también lo que desde lejos parecen dos cinturones: el cinturón de asteroides, que está situado entre Marte y Júpiter, y el cinturón de Kuiper, que se encuentra más allá de la órbita de Neptuno. Estas dos regiones en forma de rosquilla están llenas de fragmentos de roca y hielo primigenios, desde pequeños meteoritos hasta grandes asteroides, aparte de otros fragmentos más grandes a los que denominamos *planetas enanos*. Los planetas enanos, como Plutón, Eris y varias docenas más, giran en órbita alrededor del Sol, al igual que millones de pequeños fragmentos de roca y hielo diseminados a lo largo de los cinturones. Varias naves espaciales están analizando estos antiguos objetos primigenios y tomando fotografías e incluso muestras físicas para que podamos hacernos una idea de cómo fue el espectacular nacimiento del sistema solar.

Hagamos un pequeño inventario: Mercurio, el planeta rocoso más próximo al Sol, se parece a un núcleo pesado y chamuscado. Nuestro planeta más pequeño perdió probablemente la mayor parte de sus capas exteriores durante una demoledora colisión al principio de su existencia. Todos los días, lentamente, la luz del Sol y un calor apabullante se difunden por su superficie, que alcanza los 430 °C, tras una noche devastadoramente fría de 180 °C. Mercurio no cuenta con una atmósfera que pueda mitigar las temperaturas extremas.

El siguiente mundo rocoso, Venus, es muy parecido a la Tierra, solo que está envuelto por completo en nubes de ácido sulfúrico. Venus es el planeta más cálido del sistema solar; es incluso más cálido que Mercurio, que está más cerca del Sol. La masa y el tamaño de Venus son similares a los de la Tierra, pero, mientras que esta es un paraíso desbordante de vida, el paisaje adusto y desolado de Venus es inhóspito para los seres vivos, pues las temperaturas alcanzan los 480 °C, calor suficiente para derretir el plomo.

Después de la Tierra, el siguiente mundo es una roca roja, Marte. Con un diámetro de aproximadamente la mitad del de la Tierra, Marte presenta paisajes volcánicos con tonalidades de color rojo, naranja y marrón. Debido a que su fina atmósfera no retiene demasiado calor, las temperaturas oscilan entre los -150 y los 20 °C. Su superficie muestra indicios de la presencia de agua en algún momento de su historia: canales entrelazados, deltas en forma de abanico, arcillas y minerales que se forman en contacto con el agua. Esa agua se perdió o bien quedó atrapada en el hielo a medida que Marte envejecía y se enfriaba.

En función del lugar en el que estén situados Marte y la Tierra en su recorrido alrededor del Sol, la señal entre uno y otro planeta tarda entre cuatro (cuando están más cerca el uno del otro) y veinte minutos (cuando están en lados opuestos del Sol). Así pues, la señal para indicarle a un vehículo explorador que está a punto de despeñarse por un precipicio podría llegar casi cuarenta minutos tarde: un mínimo de veinte minutos hasta que el centro de control recibe las imágenes y ve el precipicio, y otros veinte minutos para indicarle al vehículo que se detenga. Si alguna vez te has preguntado por qué los vehículos exploradores avanzan tan despacio (su velocidad máxima es de 0,15 kilómetros por hora) sobre la superficie marciana, la explicación reside en que tienen que aprender a conocer su entorno y detectar cualquier peligro sin necesidad de ayuda desde la Tierra.

Entre Marte y Júpiter observamos un gran anillo de rocas heladas que parecen haberse olvidado de formar un planeta: el cinturón de asteroides. Más allá se encuentra el reino de los planetas gigantes, compuestos de gas y hielo que contienen la mayor parte de la materia sobrante de la creación del Sol y empequeñecen a los mundos rocosos más próximos a ellos. Júpiter, el majestuoso planeta en el que se producen pavorosas tormentas; Saturno, con sus brillantes anillos; los tempestuosos Urano y Neptuno; todos estos mundos se componen de gas, hielo y roca. Giran en órbita alrededor de nuestra estrella mucho más despacio que los planetas interiores porque la fuerza de gravedad del Sol disminuye con la distancia. Los planetas exteriores se desplazan lentamente, pero siguen sometidos a la atracción gravitacional del Sol. Más allá de Neptuno se encuentra el segundo cinturón del sistema solar, el cinturón de Kuiper, que contiene millones de pequeños fragmentos de roca y hielo, además de planetas enanos como Plutón y Eris.

Aún más allá, encontramos una envoltura de materia cósmica alrededor de los planetas y los cinturones: la nube de Oort. Se trata de una vasta extensión situada a una distancia entre dos mil y cien mil veces mayor que la que separa a la Tierra del Sol. Es una capa esférica compuesta de miles de millones de objetos helados y rocosos. Incluso a esa distancia, la nube de Oort está sometida a la gravitación del Sol y, por tanto, forma parte del sistema solar.

La luz de la nube de Oort tarda entre once días y un año y medio en llegar hasta nosotros.

Sumerjámonos en el reino de la ciencia ficción e imaginemos a un supervillano cósmico que necesita agua: robarla de las zonas exteriores de la nube de Oort sería más inteligente que robársela a la Tierra. Tardaríamos un año en darnos cuenta. Es un plan excelente para quien quiera tener una ventana por donde escapar. Y esta estrategia evitaría cualquier conflicto porque no echaríamos de menos el agua de la nube de Oort.

¿Recuerdas los discos de oro que van rumbo a las estrellas? La señal de la Voyager 1 tarda más de veintidós horas, y la de la Voyager 2 más de dieciocho, en llegar a la Tierra desde su lejana posición privilegiada. Pero, aun cuando las misiones Voyager viajan a una velocidad de 1,6 millones de kilómetros por día, habrán de transcurrir más de veinticinco mil años para que las sondas espaciales rebasen el límite exterior de la nube de Oort. Ambos vehículos han cruzado ya la heliosfera, la burbuja protectora creada por el Sol que protege de la radiación interestelar a los planetas del sistema solar. Las sondas han dejado atrás la protección, pero no la atracción gravitacional de nuestro Sol. Sus misiones científicas terminarán cuando se agote el plutonio-238 de sus generadores de energía, lo que sucederá en torno al año 2030, dejando que las dos sondas Voyager y nuestro mensaje desde la Tierra queden a la deriva entre las estrellas. Aunque ningún objeto fabricado por el hombre ha salido todavía del sistema solar, nuestros mensajeros llevan camino de ejecutar esa espectacular hazaña y de convertirse en nuestros primeros exploradores interestelares.

Pero volvamos a cómo construir un mundo habitable.

Segundo: más energía

Una vez que tenemos un planeta, otro ingrediente fundamental para que surja la vida es la energía. Hay muchas fuentes de energía, pero, en la Tierra, la mayor aportación procede del Sol. Siendo nuestra estrella más próxima, el Sol ha contribuido en gran medida a dar forma a nuestro hermoso planeta. Para comprender nuestra estrella, hay que comprender también su interacción con nuestro mundo.

Cuando observamos el cielo nocturno, sabemos que la Tierra se está moviendo. La mayoría de las estrellas parecen salir y ponerse durante la noche porque la Tierra gira sobre su eje cada veinticuatro horas. Eso hace posible también que el Sol salga todas las mañanas.

El Sol está tan cerca de nosotros que eclipsa al resto de las estrellas del cielo. Si miras la luz de una linterna de cerca y luego de lejos, comprobarás que parece más brillante cuanto más cerca estás de ella. Da igual cuántas luces tenues brillen al fondo, el caso es que no podrás verlas a causa del resplandor de la linterna que tienes delante. Solo podemos ver las estrellas por la noche, cuando no estamos en el lado de la Tierra bañado por la luz del Sol. Las estrellas siempre están ahí, incluso durante el día. No podemos verlas porque su luz se ve superada por la de la estrella más brillante del cielo, es decir, nuestro Sol, a menos que exploten, pero de la agonía de las estrellas hablaremos más adelante.

Las estrellas que vemos en las diferentes estaciones en el cielo nocturno no son siempre las mismas porque la Tierra se desplaza en su recorrido alrededor del Sol. Las estrellas que juntas parecen adoptar formas definidas sirvieron a los descubridores para orientarse en la oscuridad de la noche. Las constelaciones conocidas, como Orión, son modelos que nuestro cerebro crea a partir de estrellas brillantes, pero sin relación entre sí. Desde el estado de Nueva York, la constelación de Orión, un grupo de estrellas que a los griegos les parecía un cazador, es visible en el firmamento a finales de verano y en otoño, pero en primavera no. Vemos las mismas estrellas en una estación concreta porque la Tierra se encuentra en el mismo lugar durante su recorrido alrededor del Sol. (Para las pocas estrellas que se mueven de manera singular, los griegos usaban la palabra *planētēs*, que significa «errante»). Las estrellas, incluidas aquellas que podemos ver en cualquier mapa estelar, permanecen prácticamente en el mismo sitio a lo largo del año. Pero la ubicación de la Tierra en su trayectoria alrededor del Sol va cambiando, y eso es lo que determina qué estrellas son visibles en el cielo nocturno y cuáles no.

Probablemente estés más familiarizado con este concepto de lo que crees: imagínate una línea recta que desde la Tierra atraviesa el Sol y se prolonga en el espacio. Esta línea imaginaria apunta a diferentes estrellas mientras nuestro planeta completa su recorrido alrededor del Sol a lo largo de la eclíptica, el círculo máximo de intersección del plano de la órbita terrestre con la esfera celeste, que aparentemente recorre el Sol durante un año. Hace tres mil años, los astrónomos babilonios señalaron trece constelaciones a las que esa línea imaginaria apunta durante su viaje anual: Capricornio, Acuario, Piscis, Aries, Tauro, Géminis, Cáncer, Leo, Virgo, Libra, Escorpio, Sagitario y Ofiuco. Es probable que te resulten familiares doce de esas constelaciones, las que los babilonios eligieron para su calendario lunar de doce meses. Omitieron Ofiuco (finales de noviembre), el portador de la serpiente, probablemente por conveniencia. Por eso tenemos el zodíaco actual.

La mayoría de los pueblos antiguos creían que todos los objetos del cielo se movían alrededor de la Tierra, por lo que parecía evidente que las fuerzas cósmicas influían en los seres humanos. Hasta la invención del telescopio en el siglo XVII no se comprendió que la Tierra gira en órbita en torno al Sol y tampoco que las estrellas de una misma constelación suelen estar unidas solo por la línea de visión, no por la distancia —luego no están realmente unidas—, por lo que esa idea empezó a desvanecerse.

Nuestro Sol es una más de los aproximadamente doscientos mil millones de estrellas de la Vía Láctea, y esta es a su vez una de los miles de millones de galaxias que hay en el espacio, algunas de las cuales tienen más estrellas y otras menos. Se calcula que hay aproximadamente un billón de estrellas en las galaxias más grandes y un millón en las más pequeñas. Imagínate la enorme pila de arena que formaríamos si pudiéramos juntar toda la arena de todas las playas de la Tierra; pues piensa que en el universo hay más estrellas que granos de arena habría en esa pila.

Continuamente se siguen formando nuevas estrellas en el interior de nubes de gas diseminadas por todo el universo, como la nebulosa de la Quilla, que el JWST ha podido observar con todo detalle. En estas guarderías estelares se forman miles de estrellas al mismo tiempo. Una estrella «nace» cuando en su núcleo el elemento más ligero, que es el hidrógeno, empieza a transformarse en helio. El Sol comenzó ese proceso hace unos cuatro mil quinientos millones de años y lo mantendrá durante otros seis mil millones de años. ¿Cómo lo sabemos? Mediante la observación del firmamento, los astrónomos han podido averiguar cómo se forman, crecen y mueren las estrellas, lo que ha ampliado nuestro horizonte miles de millones de años más allá de la existencia de la humanidad, en el pasado y en el futuro. La ciencia es y siempre ha sido la aventura del descubrimiento.

La luz tarda unos ocho minutos en llegar del Sol a la Tierra. Si el Sol estallase, su luz no desaparecía hasta ocho minutos después de la gran explosión. Al estar más cerca del Sol, Venus recibiría la luz solar durante solo unos seis minutos; Marte, al estar situado 1,5 veces más lejos del Sol que la Tierra, gozaría de unos doce minutos más de luz solar, cuatro más que nuestro planeta. Nadie sabría que el Sol no volvería a brillar. No nos daríamos cuenta de que se habría apagado hasta que la noticia de la explosión llegase a nuestro planeta —en forma de ausencia de luz— al cabo de ocho minutos. Mis alumnos aprecian realmente la luz solar desde que tratamos esta cuestión en clase. Pero no hay por qué preocuparse, pues nada indica que el Sol vaya a explotar durante los próximos miles de millones de años.

Si miraras esta noche por un telescopio la estrella Próxima Centauri, las más cercana al Sol, la luz que verías se habría emitido cuando nacieron los niños que hoy tienen cuatro años. Así pues, si la masa de abrasador gas resplandeciente que es Próxima Centauri explotase, no lo sabríamos hasta dentro de cuatro años. Pero Próxima Centauri tiene una vida mucho más larga que nuestro Sol. Es una estrella enana roja, mucho más pequeña que el astro rey y también más longeva. Forma parte asimismo de un sistema estelar triple: tres estrellas que giran cada una alrededor de la otra en una danza orquestada por la gravedad. Seguiremos hablando de las estrellas pequeñas y de nuestra vecina estelar un poco más adelante. Polaris, también llamada Estrella Polar o Estrella del Norte, está a unos trescientos mil años luz de la Tierra, por lo que la luz que te guía esta noche se emitió hace unos tres siglos.

Puesto que la luz necesita tiempo para viajar por el cosmos, puedes encontrar en el firmamento un vínculo con tu propio pasado. En el cielo nocturno hay una estrella cuya luz se emitió cuando naciste y está llegando precisamente ahora. Establecer esta conexión cósmica puede ser un regalo especial para ti, para tus amigos o para un ser querido. Abre tu navegador, teclea *estrella* y la edad de la persona que te interesa, añade a continuación *años luz,* y encontrarás las estrellas del cielo nocturno que están relacionadas con el nacimiento de alguien o con cualquier otro momento especial de su vida. Esto funciona para cualquier cosa sucedida hace más de cuatro años, porque cuatro años luz es la distancia que nos separa de nuestra vecina estelar más cercana. Y tu estrella de nacimiento cambia con cada futuro cumpleaños porque tu edad aumenta, vinculándote con estrellas que están todavía más lejos. Una estrella distinta cada día te conecta personalmente con el cosmos.

Cuando miras al firmamento, estás observando acontecimientos que ya han tenido lugar, lo que significa que todavía puedes ver la luz de una estrella que dejó de brillar hace mucho tiempo. Así pues, ¿hay algo de lo que vemos en el cielo que siga estando realmente ahí? Bueno, que yo sepa, el Sol sigue estando ahí: pregúntame dentro de diez minutos.

En el núcleo de las estrellas se funden elementos que van del hidrógeno al helio, pasando por el carbono y el oxígeno, el silicio y los elementos más pesados, hasta llegar al hierro. Para que se fundan los elementos más pesados, es necesario que la temperatura y la presión del núcleo de la estrella aumenten, de forma que envíen más energía a las capas exteriores, que entonces se expanden y hacen que la estrella se hinche y se convierta en una gigante roja o azul. Cada segundo que pasa, el Sol transforma cientos de millones de toneladas de hidrógeno en helio, generando por tanto energía. Debido a su masa y a la temperatura y presión de su núcleo, el Sol se convertirá en una gigante roja y acabará sus días con un corazón de carbono y oxígeno. Su núcleo no se calentará lo suficiente para transformarlos en elementos más pesados. Una vez agotada la fusión nuclear, el Sol expulsará sus capas exteriores —hasta la mitad de su masa— hacia el cosmos, donde se convertirán en materiales para la formación de nuevas estrellas y planetas, continuando así el ciclo de la vida (estelar).

El Sol dejará un cadáver estelar: una pequeña cáscara extremadamente caliente y todavía luminosa, esto es, una enana blanca. Una enana blanca tiene más o menos el tamaño de la Tierra, pero es completamente distinta en todo lo demás, pues es muchísimo más densa y alcanza temperaturas muy superiores. Puesto que las enanas blancas están tan calientes al principio, los astrónomos pueden observar esos cadáveres estelares durante miles de millones de años tras su aparición. Pero con el paso de los siglos se van enfriando cada vez más, hasta que llega un momento en el que dejan de percibirse por la vista. Seguiremos hablando de las enanas blancas más adelante.

Durante unos diez mil años, la envoltura de polvo y gas que eyecta una estrella moribunda brilla intensamente, iluminada por el núcleo al descubierto de la estrella moribunda. Estos hermosos objetos astronómicos se denominan *nebulosas planetarias* porque les parecieron redondos, como los planetas, a los astrónomos franceses Charles Messier, en 1774, y Antoine Darquier de Pellepoix, en 1779, quienes señalaron que la nebulosa del Anillo, en la constelación de la Lira, se asemejaba a un planeta en decadencia. Como entonces se desconocía la naturaleza de las nebulosas, el nombre de *nebulosa planetaria* se mantuvo. El JWST capturó una asombrosa imagen de la bella nebulosa del Anillo en la que se observa que otra estrella gira alrededor de la enana blanca en el corazón de la nube. Esa pareja situada en el centro de la nebulosa del Anillo remueve la olla de polvo y gas, introduciendo modelos asimétricos que brillan y se expanden en la oscuridad del espacio a unos dos mil años luz de la Tierra.

No todos los combustibles pueden generar energía en el núcleo de un astro. El hierro es el callejón sin salida del motor de una estrella. Para fusionar el hierro habría que añadir más energía. Una vez que el núcleo de una estrella es de hierro, se interrumpe la producción de energía que contrarrestaba la enorme presión gravitacional de la materia suprayacente, lo que provoca el colapso del núcleo.

Imagínate las estrellas diseminadas por el lienzo del cielo nocturno. Entre ellas, de vez en cuando, una estrella masiva sufre una extraordinaria transformación. En un súbito *crescendo* cósmico, la estrella se comprime, antes de volver a crecer con una actividad violenta y explosiva que eclipsa galaxias enteras y que en ocasiones es visible incluso durante el día: se trata de una supernova. Las estrellas que tienen una masa ocho veces mayor que la del Sol mueren durante estas explosiones cósmicas de luz y energía, de núcleos atómicos y partículas exóticas. Pero el colofón de tanta actividad no es el final, sino el nacimiento de algo nuevo. La agonía de las estrellas masivas siembra en el cosmos los elementos necesarios para la creación de nuevas estrellas y planetas, incluidos los seis elementos que son esenciales —carbono, hidrógeno, nitrógeno, oxígeno, fósforo y azufre (conocidos como elementos CHNOPS)— para la vida en la Tierra.

Las supernovas son balizas luminosas que podemos ver a grandes distancias, y algunas de ellas brillan siempre con el mismo fulgor. Gracias a ello, constituyen una de las referencias que permiten a los astrónomos cartografiar el universo. La última vez que contemplamos una supernova a simple vista desde la Tierra fue en febrero de 1987: la Supernova 1987A (la A significa que fue la primera de ese año). La supergigante azul Sanduleak -69° 202 explotó a 168.000 años luz de la Tierra. La supernova brilló con tanta intensidad que pudo verse mirando simplemente el cielo nocturno. Pero la Supernova 1987A se produjo unos 168.000 años antes. Su luz no llegó a nuestro libro de historia cósmica hasta 1987. La explosión de la Supernova 1987A ni siquiera tuvo lugar en nuestra galaxia. La Supernova Sanduleak -69° 202 formaba parte de la Gran Nube de Magallanes, una galaxia satélite de nuestra Vía Láctea, pero su explosión final envió una señal a las galaxias vecinas. Las supernovas surgen solo unas tres veces cada siglo en una galaxia como la nuestra. Así pues, antes de analizar con más detenimiento el futuro de nuestra estrella, supone un gran alivio decir que el Sol seguirá estando ahí mañana por la mañana.

Actualmente, el satélite Gaia de la Agencia Espacial Europea (ESA, por sus siglas en inglés), lanzado en 2013, determina las posiciones y los movimientos de miles de millones de estrellas con una precisión magistral, y nos proporciona una visión detallada de la elegante danza gravitacional de las estrellas que hay en nuestra galaxia. Escribe la crónica de aquellas estrellas que giran alrededor de un enorme agujero negro, la densidad de cuyo centro es inimaginable. Un agujero negro genera tal atracción gravitacional que ni siquiera la luz puede escapar de él. Imagínate su inmensa gravedad como si se tratara de una tela de araña: todo lo que se acerque demasiado a ella queda atrapado. Por eso los astrónomos lo llaman *agujero negro*. Si ni siquiera la luz puede escapar del interior de semejante zona invisible del espacio cósmico, no podemos obtener información alguna de lo que se cuece dentro de esa extraña y fascinante singularidad. Casi todas las galaxias tienen agujeros negros masivos en su centro, que son más grandes que cualquiera de los que las explosiones estelares pueden crear. Forman una intrigante imagen de un conjunto de estrellas masivas en un universo joven donde se crearon enormes agujeros negros que luego se transformaron en otros agujeros todavía más grandes, aquellos que ahora están situados en el centro de casi todas las galaxias.

Nuestro Sol da vueltas alrededor del agujero negro —Sagitario A*— situado en el centro de la Vía Láctea. Estamos a unos 25.000 años luz de Sagitario A*, pero, al igual que todas las estrellas de la Vía Láctea, el Sol y sus planetas están sometidos a su atracción gravitacional. La canción *Galaxy Song* de los Monty Python, que es un resumen divertido y bastante preciso de nuestra posición en el universo, pregunta esperanzada, en el estilo satírico del grupo, si podría haber vida inteligente en el cosmos porque, se lamentan, «aquí en la Tierra todos son tontos».

Una vuelta completa alrededor del centro de nuestra galaxia dura unos 230 millones de años, lo que equivale a un año galáctico. Para hacernos una idea de esta inmensa escala de tiempo, los dinosaurios vagaron por la Tierra entre hace aproximadamente 250 millones de años hasta hace 66 millones de años. Así pues, tenemos algo en común con ellos: estamos empezando a recorrer la parte del cosmos que la Tierra recorrió cuando los dinosaurios estaban aquí. El sistema solar se desplaza a toda velocidad (más de 800.000 kilómetros por hora) alrededor del centro de la galaxia para completar una vuelta en solo 230 millones de años terrestres, por lo que, si alguna vez te sientes estancado, recuerda: desde el punto de vista cosmológico, no lo estás. Vas a toda pastilla por el cosmos. Y formas parte de él.

Excepto el hidrógeno, el helio y pequeñas cantidades de litio y berilio, todos los elementos de los que estás hecho se produjeron en el infierno que hay en el núcleo de las estrellas o durante su muerte violenta a causa de la explosión de una supernova. Los elementos más pesados que el hierro, como el oro y la plata, tienen su origen en la inmensa explosión de una supernova al final de la vida de una estrella masiva. Los fragmentos sobrantes de la

64

MUNDOS EXTRATERRESTRES

agonía mortal de una estrella te cabrían en una mano. El calcio de los huesos, el hierro de la sangre y el oxígeno que respiras son polvo de estrellas. En la vasta extensión del universo, tú formas parte del cosmos.

Estás hecho de antiguo polvo de estrellas.

¿La vida acabará en fuego o en hielo?

De igual modo que intentamos comprender en qué condiciones podría desarrollarse la vida en un planeta lejano, también nos preguntamos cómo se extinguiría allí la vida. Resulta que depende del color de la estrella alrededor de la que gira. En el caso de la Tierra, el mundo terminará en fuego. Dentro de unos seis mil millones de años —aún nos queda mucho tiempo—, nuestro Sol se quedará sin oxígeno que fusionar en su núcleo. Después, el astro rey aumentará unas doscientas veces de tamaño y se convertirá en una gigante roja que absorberá a Venus, a Mercurio y, tal vez, a la Tierra (esto sigue siendo objeto de debate, pues la Tierra podría escapar de la absorción). No obstante, aunque nuestro planeta no se convierta en parte del Sol, la energía de este incendiará su superficie.

¿Qué hay de nuestras estrellas vecinas? La comprensión del lugar que ocupamos en el cosmos se basa en décadas de observaciones; los astrónomos han calculado minuciosamente el brillo y la posición exacta de miles de estrellas. Si hiciésemos un inventario de todas las estrellas de nuestro entorno, entendiendo por entorno una distancia de treinta años luz, ¿serían esas estrellas iguales que nuestro Sol? Imaginemos un grupo de diez estrellas en representación de las más o menos cuatrocientas que hay en esa zona del espacio. En ese grupo hay ocho pequeñas estrellas frías y rojas, una estrella naranja y fría, y otra de aspecto extraño, compuesta, en dos terceras partes, de un sol amarillo, y en la otra tercera parte, de una estrella blanca y más caliente. Las pequeñas estrellas rojas son, con diferencia, las más abundantes. Pero ¿qué significa el color de una estrella?

El calor del núcleo estelar controla la incandescencia de la superficie, que a su vez determina el color de la estrella. Aunque parezca lo contrario, las superficies más rojas son más frías que las más azules. Imagina un atizador de hierro con el que remueves el fuego: a medida que se calienta, primero se pone rojo, luego amarillo y finalmente de un color azul blancuzco. Así pues, una estrella amarilla como la nuestra está más caliente que otra roja como Próxima Centauri.

Las estrellas llegan a vivir miles de millones de años sin que se produzca en su interior ningún cambio significativo. Brillan con gran luminosidad porque en su núcleo los átomos de hidrógeno se juntan, sometidos a un calor y una presión extremos, ejecutando una danza de fusión nuclear. Esta fusión atómica crea un delicado equilibrio entre la fuerza de gravedad, que intenta aplastar la estrella, y la energía liberada por la fusión. Las estrellas más pesadas y masivas presentan temperaturas y presiones más elevadas en su núcleo, lo que hace que consuman el combustible de fusión nuclear mucho más deprisa que las pequeñas estrellas rojas. Por lo tanto, la longevidad de las estrellas depende de su tamaño. Las estrellas amarillas, como la nuestra, viven unos doce mil millones de años, y, por suerte, el Sol, con sus cuatro mil quinientos millones de años, no ha llegado siquiera a la mitad de su vida. Las estrellas rojas viven al menos diez veces más; las más pequeñas llegan a vivir cientos de miles de millones años. O eso creemos, pues los astrónomos no han visto morir a ninguna estrella roja: el universo no es todavía lo bastante viejo.

Para determinar la edad de un grupo de estrellas que se formaron juntas, los astrónomos cuentan la proporción de estrellas masivas que hay en ese grupo. Cuantas menos haya, más antiguo es el conjunto. Aunque el Sol sea una bola rodante de plasma, el hidrógeno de las capas exteriores no se mezcla en el núcleo, por lo que este no puede utilizarlo como combustible adicional. Las estrellas rojas pequeñas son diferentes. Son plenamente convectivas, lo que significa que las sustancias que las componen se entremezclan. Toda la materia procedente del exterior es absorbida por el núcleo, donde hace el calor suficiente para que se funda. Pero estas pequeñas estrellas rojas solo pueden transformar el hidrógeno en helio. Su núcleo no alcanza ni la temperatura ni la presión necesarias para fusionar metales más pesados que el helio, por lo que dejan de producir energía cuando se quedan sin hidrógeno, y entonces se desvanecen.

La mayoría de las estrellas que nos acompañan son rojas. El final de los planetas que giran en torno a esos soles rojos es completamente distinto: su vida termina en hielo. En lugar de hincharse hasta alcanzar el tamaño de la órbita terrestre, las estrellas rojas dejan de producir energía cuando se quedan sin hidrógeno. Después se enfrían cada vez más, hasta que su luz se desvanece por completo, y por eso cualquier planeta que gire en su órbita se convierte en un yermo congelado. Pero las diferencias no acaban ahí. Los planetas que giran alrededor de un sol rojo son mucho más longevos que la Tierra. Las estrellas rojas pequeñas, puesto que tienen una vida tan increíblemente larga, podrían proporcionar una luz constante a sus planetas y a cualesquiera organismos que viviesen en ellos durante cientos de miles de millones de años.

La exploración de nuevos exoplanetas en nuestro horizonte cósmico, incluidos los planetas rocosos, tanto jóvenes como viejos, nos ayudará a descubrir la historia de la vida de los mundos roqueños. Pero volvamos a nuestro propio y lejano futuro cósmico; dentro de miles de millones de años, la Tierra será prácticamente absorbida por el Sol. Los seres vivos de los planetas que giran en torno a cualquier estrella deben abandonar esos planetas en algún momento para poder sobrevivir, o bien modificar la evolución de su estrella. Carl Sagan escribió: «Todas las civilizaciones o bien aprenden a viajar por el espacio, o bien se extinguen». Hubieron de transcurrir solo unos cuatro mil millones de años para que la vida alcanzase ese estadio crítico aquí en la Tierra, girando alrededor de nuestro Sol amarillo, el cual tiene una masa intermedia. Si hay vida en un planeta que gira en torno a una estrella masiva, la cual consume su combustible nuclear mucho más deprisa, ¿habrá tiempo suficiente para que algún ser vivo llegue a la misma conclusión? Por el contrario, la vida en los planetas bajo la influencia de un sol rojo disfrutaría de su estrella durante miles de millones de años más que nosotros, antes de empezar a enfriarse a causa de la disminución de la luz. Imagina una civilización que indujese el cambio climático para prolongar las condiciones benignas bajo la luz de una estrella cada vez más fría.

¿Qué prefieres? ¿Extinguirte en medio de una gloriosa llamarada o bajo un sol que se apaga lentamente? He aquí una alternativa: convirtámonos en trotamundos de este asombroso universo. Las cosas no tienen por qué acabar por culpa del fuego o el hielo.

TERCERO: AÑADIR UNA ATMÓSFERA

La exploración de los planetas vecinos, esos otros mundos rocosos de nuestro sistema solar, nos facilitó los primeros indicios de cómo se forma la atmósfera de los planetas. Venus tiene más o menos la misma masa y tamaño que la Tierra, por lo que constituía un candidato ideal para llegar a ser un mundo habitable. Está solo un poco más cerca del Sol y se beneficia del doble de energía que la Tierra. De ahí surgió en el siglo XVIII la fantasiosa idea de un exuberante paraíso selvático en Venus. Pero, una vez que las observaciones pudieron atravesar las nubes que envuelven su superficie, los astrónomos encontraron un infierno tórrido y cargado de ácidos donde ninguna forma de vida conocida podría sobrevivir. La atmósfera de Venus se compone principalmente de dióxido de carbono (CO_2), un gas que retiene la energía del Sol de manera muy eficaz, hasta el punto de que su superficie se calienta cientos de grados por encima del punto de ebullición del agua, truncando toda esperanza de supervivencia en un entorno tan in-hóspito.

¿Qué ocurrió en Venus? Imagina que estás sentado dentro de un coche un sofocante día de verano con las ventanas subidas. Cuanto más tiempo le dé el sol al coche, más calor hará en su interior. Al igual que la ventana cerrada, el CO_2 retiene el calor de la atmósfera. Mientras que la luz visible pasa libremente a través del aire, el calor queda parcialmente atrapado por moléculas como el CO_2, el metano y el agua, y calienta el planeta como si fuese una manta.

Los seres humanos no pueden ver el calor (radiación infrarro-ja) porque nuestros ojos evolucionaron para utilizar la energía máxima del Sol, la parte visible de la luz. Vemos los objetos que nos rodean porque la luz se refleja en ellos. Tú y yo reflejamos la luz, pero también brillamos en las radiaciones infrarrojas: solo que no en la longitud de onda que nuestros ojos pueden ver. Si tuviéramos la capacidad, veríamos objetos calientes en la oscuri-dad. Algunos animales son capaces de ver el calor; por ejemplo, las carpas doradas lo ven porque suelen vivir en aguas turbias. (Los mosquitos también pueden verlo, y usan esa capacidad para encontrarnos indefectiblemente en la oscuridad). Aunque nues-tros ojos no puedan ver el calor de manera natural, podemos uti-lizar este concepto para desarrollar una tecnología que nos ayude a conseguirlo. Las gafas de visión nocturna emplean tecnología termográfica para captar la luz infrarroja y transformarla en luz visible a fin de que podamos ver el calor y usarlo, por ejemplo, para encontrar a otras personas en la oscuridad.

El equilibrio entre la radiación estelar que llega a un planeta y la que sale de él es lo que determina la temperatura de su superfi-cie. De igual modo que las diferentes interacciones del cristal con la luz visible e infrarroja permiten que la luz solar entre en un in-vernadero (o en un coche) pero retengan el calor, los gases pue-den retenerlo en la atmósfera. Estos son los gases de efecto inver-nadero. En 1896, el químico sueco Svante Arrhenius, galardonado con un Premio Nobel, descubrió cómo el aire calienta la Tierra y se percató de que las emisiones de CO_2 producidas por el ser humano ya estaban influyendo en la temperatura de la Tierra. Pero las alarmas no habían saltado todavía. Arrhenius había incluso popularizado la idea de una atmósfera extraordinariamente cálida y húmeda en Venus. Pasaron varias décadas hasta que Carl Sagan se dio cuenta de que Arrhenius había sentado las bases para descifrar el misterio de las abrasadoras condiciones climáticas de Venus.

Sagan tuvo la intuición de que lo que era válido para la Tierra también debía serlo para otros planetas: si bien cada planeta tiene su propia historia, las mismas fuerzas básicas caracterizan su clima. Sagan se sirvió de lo que sabemos sobre el CO_2 en la Tierra y lo aplicó a la densa atmósfera venusiana. Sus investigaciones lo llevaron a la conclusión de que el CO_2 de Venus estaba reteniendo la energía suficiente para convertir nuestro planeta vecino en un mundo infernal. Varios vehículos espaciales viajaron a Venus, evaluaron su atmósfera y su superficie con un radar capaz de penetrar las nubes, y confirmaron esa hipótesis. En diciembre de 1970, la agencia espacial de la Unión Soviética consiguió aterrizar en la superficie de Venus. A pesar de todas las pruebas de estanqueidad llevadas a cabo para que los ocho módulos de aterrizaje de la misión Venera se posaran con éxito en la superficie del planeta, los módulos solo sobrevivieron un poco más de dos horas antes de sucumbir al intenso calor y a la aplastante presión atmosférica.

El hecho de que Venus sea tan diferente de la Tierra nos lleva a plantearnos una incómoda cuestión: ¿cuál es el punto crítico en el que un mundo ya no puede combatir el efecto invernadero? ¿Estaba Venus condenado desde el principio o fue en algún momento un breve paraíso, antes de que el calor de la superficie evaporase los océanos y lo hiciese incompatible con la vida (al menos con la que conocemos)? Hay proyectadas nuevas misiones internacionales para viajar a Venus a principios de la década de 2030 y conocer más detalles sobre la suerte de nuestro planeta vecino: la misión DAVINCI de la NASA y la misión EnVision de la Agencia Espacial Europea. Por otra parte, una compañía espacial estadounidense, Rocket Lab Ltd., en colaboración con el MIT, está planeando una modesta misión privada a Venus.

En la Tierra, por suerte, el CO_2 representa menos del 1 % del aire y calienta la superficie del planeta en torno a unos 30 °C. No todo el CO_2 es malo. Si no contáramos con CO_2, la mayor parte de la superficie de la Tierra estaría helada. Pero Venus muestra los desastrosos efectos del exceso de CO_2: un efecto invernadero desatado que hace que el CO_2 caliente el planeta hasta alcanzar temperaturas que impiden la presencia de agua líquida. Todo apunta a un posible futuro en el que nuestro próspero planeta se convertirá en un erial —el auténtico gemelo de Venus— donde no quedarán vestigios de una civilización que empezaba a explorar el cosmos.

Cuando miro ahora al cielo, me imagino los vientos alisios, esos enormes ríos de aire impulsados por el calor del Sol y la rotación de la Tierra, desplazando el aire por encima de nuestras cabezas alrededor del mundo. El aire cálido de los trópicos siempre sube, y el aire frío de los polos siempre baja. La atmósfera situada entre ellos llena esos espacios, y crea un gigantesco patrón de circulación de flujos de aire entre el ecuador y los polos. La rotación de la Tierra dobla y retuerce esas formidables corrientes de aire, lo que añade al flujo un componente este-oeste y da lugar a los vientos alisios que llevan siglos impulsando a los navegantes.

Esas corrientes, aunque sean invisibles para nosotros, modelan el clima de nuestro mundo; son como enormes autopistas de aire que recorren el globo terráqueo sin impedimentos. Vientos de ese tipo regulan también otros mundos que giran en órbita alrededor de lejanas estrellas. Imagina alguno de esos mundos con sus corrientes de aire y remolinos de colores, que crean en el cielo un espectáculo impresionante.

¿Todo perfecto? La zona de habitabilidad

Nuestros planetas vecinos, que sepamos, no albergan vida. ¿Por qué es especial la Tierra? La respuesta está probablemente en el agua. (Un poco más adelante analizaremos por qué todas las formas de vida que hay en la Tierra necesitan agua líquida). Curiosamente, menos del 3 % de toda el agua de la Tierra es dulce, y la mayor parte de ella está encerrada en glaciares o neveros. Imagina que con la cantidad total de agua que hay en la Tierra llenamos una jarra de cuatro litros: la totalidad del agua dulce del planeta equivaldría tan solo a media taza de cubitos de hielo, y toda el agua dulce a la que tenemos acceso en la superficie, a nada más que a unas pocas gotas de esos cubitos congelados.

Dulce o salada, el agua es esencial para la vida en la Tierra. La vida utiliza el agua como solvente químico, un vigoroso componente que disuelve otras sustancias. Podemos emplear la necesidad de agua líquida de la Tierra para determinar cuál es el mejor enclave cósmico para la vida tal como la conocemos. La NASA inventó el eslogan «No tienes más que seguir el agua» basándose en esa hipótesis. Para que los ríos y los mares sigan brillando sobre su superficie, un planeta tiene que estar a la distancia adecuada de su estrella, además de no ser demasiado cálido (como Venus) ni demasiado frío (como Marte); es decir, ha de encontrarse en la zona de habitabilidad de la que hablábamos antes. Entonces es cuando las condiciones son «perfectas» para que el agua líquida fluya. Imagina una hoguera en una noche fría. Para mantenerte calentito, tienes que estar cerca del fuego, pero no demasiado, porque el calor te molestaría. La distancia adecuada depende del tamaño de la hoguera. Si es muy pequeña, tendrás que acercarte mucho a ella. Si es enorme, será mejor que te mantengas a cierta distancia. Hay una zona alrededor de cada estrella en la que la superficie de un planeta rocoso probablemente reciba la cantidad justa de calor —ni mucho ni poco— para que los ríos fluyan. Para ser precisos, ese sector debería llamarse «zona con agua líquida en la superficie». Pero, en efecto, no es un nombre muy pegadizo.

La zona habitable del sistema solar se extiende aproximadamente desde Venus hasta un poco más allá de Marte. La Tierra está justo en medio. Venus, al encontrarse más cerca del joven Sol, recibía un 70 % más de calor del que recibe la Tierra en la actualidad. El joven Venus se volvió tan cálido que, si tenía océanos, estos se evaporaron y se convirtió en un árido yermo. O a lo mejor Venus fue siempre demasiado cálido y el agua líquida nunca llegó a acumularse en su superficie; los científicos todavía no se ponen de acuerdo al respecto. Quizá, durante un tiempo muy breve, fue el paraíso que los poetas del siglo XVIII imaginaban. El joven Marte recibía del Sol un 70 % menos de calor que la Tierra actual. Con tan poca energía procedente del Sol, el agua de Marte, cuando su núcleo se enfrió, se transformó en permafrost y el planeta perdió su capacidad de reciclar y acumular gases de efecto invernadero, convirtiéndose en un planeta frío y seco. Marte se encuentra en el lugar adecuado para que florezca la vida, pero seguimos sin encontrar océanos en él, lo que demuestra que la ubicación no lo es todo. El tamaño también importa; mejor dicho, lo que importa en realidad es el interior del planeta. Un mundo situado en la zona de habitabilidad no es habitable por naturaleza, y un mundo situado fuera de esa zona no es forzosamente inhabitable. Pero, fuera de la zona de habitabilidad, la vida será aún más difícil de descubrir porque una enorme capa de hielo que cubre los océanos en los que la vida podría florecer dificultará nuestra exploración tapándonos la vista. En la Tierra podemos perforar el hielo para comprobar si hay vida bajo él. No podemos hacer lo mismo en los exoplanetas, y por eso nos centramos en aquellos en los que el agua líquida pueda fluir por la superficie y los gases no estén atrapados bajo enormes mantos de hielo, fuera del alcance de los telescopios.

La comparación entre la Tierra, Marte y Venus nos muestra que a estos dos últimos les faltan un par de ingredientes fundamentales para reciclar los gases de la atmósfera: un núcleo fundido que permita el movimiento de las placas tectónicas (Marte) y agua (Venus). En la Tierra, las placas tectónicas son necesarias para estabilizar el clima. En la actualidad, ni Marte ni Venus muestran indicio alguno de movimiento de placas, por lo que la tectónica no es una condición necesaria para los planetas rocosos.

En la Tierra, las erupciones volcánicas agregan CO_2 a la atmósfera de manera natural. El CO_2 es eliminado de la atmósfera por la meteorización (la descomposición de las rocas a causa de la erosión y de las reacciones con el aire y el agua) y devuelto al manto terrestre, desde donde vuelve otra vez al aire a causa de las erupciones volcánicas, de forma que se crea el ciclo carbonato-silicato. Imagina las violentas erupciones de los volcanes en la joven Tierra: enormes nubes de gases que salen disparadas hacia la atmósfera y oscurecen el cielo hasta que la lluvia vuelve a limpiarlo. El agua de lluvia y el CO_2 forman el ácido carbónico, que disuelve las rocas de silicato, o sea, la corteza de nuestro planeta. Estas sustancias disueltas son transportadas por los ríos hasta el mar, en cuyo fondo se depositan. En los organismos marinos evolucionados, dichas sustancias adquieren temporalmente una nueva vida como conchas y esqueletos y, cuando esos organismos mueren, las conchas y los esqueletos se depositan en el fondo del mar, donde son arrastrados por las zonas de subducción hasta el manto terrestre. Allí se funden y liberan CO_2, que vuelve a la atmósfera a través de los volcanes. Este ciclo regula la concentración de CO_2 en la atmósfera y su efecto invernadero en escalas de tiempo de millones de años. Por desgracia, esa velocidad no es suficiente para protegernos del cambio climático provocado por el hombre, pero sí lo fue para evitar que la Tierra se congelase durante la mayor parte de su «infancia».

El joven Sol solo tenía el 70 % del brillo que tiene hoy, por lo que la Tierra únicamente recibía siete de cada diez fotones procedentes de él en la actualidad. Hoy en día, nuestro planeta se congelaría si recibiera tan poca energía. Es lo que los científicos denominan «paradoja del Sol joven y débil». Pero, para sorpresa de todos, la Tierra no se congeló por completo cuando era más joven. Grandes cantidades de gases de efecto invernadero, como el CO_2, cubrían nuestro joven planeta, manteniéndolo caliente. A medida que aumentaba el brillo del Sol, aumentaba también la energía recibida. Esa circunstancia modificó la composición química de la atmósfera terrestre y dio lugar a que el ciclo carbonato-silicato regulase la temperatura de la Tierra.

Pero ese ciclo no es una varita mágica que salva del peligro a todos los planetas rocosos. Marte nos muestra que los planetas deben ser lo bastante masivos para mantener su núcleo en fusión: Marte no lo era, por lo que sus entrañas se solidificaron y los volcanes se adormecieron y dejaron de emitir gases de efecto invernadero, lo que provocó el enfriamiento del planeta.

Algo más salió mal en Venus. Venus es de un tamaño similar al de la Tierra, por lo que es lo bastante masivo para que en él haya actividad geológica. Pero en este planeta el ciclo climático se ha interrumpido —si es que alguna vez lo hubo— porque carece de un ingrediente fundamental: agua líquida. Cuando, hace miles de millones de años, los océanos de Venus se evaporaron, el vapor de agua ascendió hasta el límite de la atmósfera y dio inicio al principio del fin. Las radiaciones de alta energía inciden sobre la parte superior de la atmósfera de todos los planetas y pueden descomponer el agua en los elementos que la forman; esto es, hidrógeno y oxígeno. Los átomos de hidrógeno son los más ligeros, por lo que les resulta fácil escapar a la atracción gravitacional de cualquier planeta. El agua no pudo volver a formarse, razón por la cual Venus perdió para siempre su precioso líquido. Menos lluvia significaba más CO_2 en la atmósfera, lo que se traducía en temperaturas superficiales más elevadas, más evaporación de los océanos y más hidrógeno perdido en el espacio, y ello desencadenó una catastrófica pérdida de agua que dio lugar al páramo ácido y caliente que es el Venus que vemos hoy en día.

Por suerte, la atmósfera de la Tierra actual es muy diferente de la de Venus. Por lo general, la temperatura de nuestro planeta desciende con la altitud, pero, a unos dieciséis kilómetros de altura, la temperatura vuelve a aumentar porque la radiación ultravioleta (UV) del Sol choca contra el oxígeno (O_2) de la atmósfera y produce ozono (O_3), que forma en la parte superior de la atmósfera una capa que bloquea los peligrosísimos rayos UV. Esa energía hace que la temperatura aumente. Este cambio térmico actúa como la tapa de una olla: impide que la mayor parte del agua llegue a los límites de la atmósfera, y entonces aquella cae de nuevo sobre la superficie en forma de lluvia o nieve. Con el agua bien atrapada, el ciclo carbonato-silicato puede estabilizar el clima. Si las temperaturas superficiales aumentan, la cantidad de agua que se evapora es mayor, lo que genera más lluvia, de forma que se retiene más CO_2 atmosférico en las rocas y se enfría el planeta. Si las temperaturas disminuyen, la escasez de pluviosidad y de superficies cubiertas de hielo y nieve implica una menor meteorización, por lo que la concentración de CO_2 se incrementa, de modo que nuestro planeta se calienta de nuevo. Por desgracia, ese ciclo, como dura millones de años, no podrá evitar el incremento de CO_2 provocado por el hombre. Tendremos que evitarlo nosotros mismos.

A medida que el Sol se vuelva más luminoso, ese útil termostato se romperá, como sucedió en Venus. Los científicos creen que el clima de la Tierra se calentará cada vez más hasta que, dentro de mil millones de años, las altas temperaturas eliminarán la trampa fría y entonces nada impedirá que el agua llegue a la parte superior de la atmósfera, donde tendrá lugar una catastrófica pérdida de agua. El páramo baldío de Venus es un atisbo de nuestro posible futuro, pero nosotros podemos influir en el tiempo que tardaremos en llegar a esa situación y tal vez incluso ingeniárnoslas para evitar el desastre que se avecina.

¿LA VIDA NECESITA UNA LUNA?

La Tierra tiene algo de lo que la mayoría de los planetas rocosos carecen: una gran compañera, la Luna. Durante la mayor parte de la historia de la humanidad, el origen de la Luna fue un misterio. Hasta que, con la llegada de la era espacial, las misiones Apolo recogieron muestras de la Luna, los científicos no empezaron a desentrañar aquel enigma. Los astronautas de las misiones Apolo trajeron más de trescientos kilos de tierra y piedras, cuya composición es diferente de la que encontramos en nuestro planeta. Esas muestras contienen menos agua y más materiales que se forman rápidamente a altas temperaturas, lo que apoya la interesante idea de que algún objeto se estrelló contra la Tierra cuando esta era joven, y parte de la capa exterior fundida salió catapultada hacia el espacio exterior y se convirtió en la Luna. Esta gran colisión inclinó veintitrés grados el eje del planeta, de modo que nos agasajó con las estaciones del año. Sin aquel violento choque que fue el origen de nuestra compañera, tal vez no tendríamos gélidos inviernos en el estado de Nueva York, pero tampoco disfrutaríamos del espectáculo de colores que nos ofrecen los otoños.

La Luna se formó a una distancia promedio de veinticuatro mil kilómetros de la superficie terrestre, lo que equivale a más del doble de la distancia que separa Los Ángeles de Sídney. Pero hoy la Luna está unas quince veces más lejos que entonces, es decir, a más de 321.000 kilómetros de nuestro planeta. Imagina la joven Luna. Al estar mucho más cerca de la Tierra, parecería enorme. Pero esa no es la diferencia más significativa entre entonces y ahora: probablemente, el vulcanismo hacía que la Luna pareciese negra, con una corteza de lava fría y oscura solo interrumpida en su avance por grietas que mostraban el incandescente magma subterráneo, revelando una visión espeluznante. Una Luna grande y oscura dominaba el firmamento.

La joven Luna estaba tan cerca de la Tierra que provocaba descomunales mareas en ella. Pero no de agua. En un planeta abrasador donde las rocas estaban en fusión, un turbulento océano de magma estaba sometido a la atracción lunar. Gigantescas mareas de magma bañaban nuestro joven planeta. En esta danza de atracción mutua, la Luna tiraba de las gigantes mareas de la Tierra, ralentizando la rotación de esta. Pero la atracción no era unilateral; la gravitación de la Tierra también tiraba de la joven Luna, creando mareas de magma que invadían una superficie en su mayor parte fundida. Puesto que el movimiento de traslación de la Luna alrededor de la Tierra duraba más que la rotación de esta, la fuerza de la marea, con su masa adicional, tiraba continuamente de la Luna hacia delante mientras esta giraba en órbita, aumentando así la distancia con relación a la Tierra. A medida que los días empezaban a alargarse en nuestro planeta, la Luna se alejaba cada vez más. Los cambios empezaron a ser más lentos cuando la joven Tierra y la joven Luna se enfriaron y pasaron a ser cuerpos rígidos capaces de conservar su forma con mucha más facilidad que los cuerpos fundidos. Nuestro firmamento cambió gracias a la hermosa danza gravitacional que la Tierra y la Luna empezaron a ejecutar hace unos cuatro mil quinientos millones de años.

Todos los sistemas de rotación que hay en el espacio seguirán rodando porque no hay fricción alguna que los frene. Pero hasta las danzas cósmicas están sujetas a determinadas leyes de la física. La rotación total del sistema Tierra-Luna no ha cambiado gran cosa con el paso del tiempo, pero el intercambio entre ambos cuerpos celestes sí que se ha modificado; han pasado de una atracción muy intensa a una rotación independiente. Esta antigua danza cósmica nos hizo un gran regalo: duplicó el número de horas de luz en la Tierra. Incluso en la actualidad, las mareas oceánicas que la fuerza de gravedad, tanto de la Luna como del Sol, genera están aumentando, siquiera ligeramente, el tiempo que transcurre entre la salida y la puesta del astro rey. Cada día se alarga un poquito más que el anterior —unos dos milisegundos cada siglo—, lo que significa que, dentro de doscientos millones de años, por fin tendré esa hora extra al día que siempre he deseado.

Este relato del origen de la Luna se basa en los últimos modelos sobre su formación y movimiento. Los científicos han obtenido más pruebas de que los días se van haciendo gradualmente más largos observando aquellos ciclos que dejan marcas en nuestro mundo. Por ejemplo, los corales actuales presentan unas 365 líneas por cada día de crecimiento, es decir, una línea por día. Pero los corales fósiles de hace unos cuatrocientos millones de años presentan más de cuatrocientas líneas por cada día de crecimiento, reflejando un total de más de cuatrocientos días por año, lo que nos indica que los días eran entonces más cortos.

Hay un no sé qué de atemporal en perderme caminando de noche por las calles, explorando el pueblo o la ciudad en que me encuentre. Y, adondequiera que vaya, la Luna y las estrellas siempre me acompañan. Es un poco como llegar a un lugar nuevo y encontrarse allí con viejos amigos. Cuando miro la Luna por la noche, me la imagino mucho más grande, como una silueta negra llena de anaranjadas grietas de magma incandescente, el comienzo de la historia de una Tierra joven en rápida rotación: asombrosa e inquietantemente extraña y desconocida.

Con luna llena es fácil encontrar el camino, pero algunas noches la luz de la Luna es muy débil. La cantidad de luz que recibimos cambia cada noche, porque la Luna es un espejo. No es un espejo de mucha calidad —no podemos ver en él nuestra propia imagen—, pero la Luna no brilla por sí misma, sino que solo refleja la luz del Sol. La luz lunar es en realidad un reflejo de la del astro rey. En ocasiones vemos toda la luz que incide sobre la Luna (luna llena), pero la mayoría de las veces no es así. De ese modo se crean las fases de la Luna. Esta danza gravitacional también atrapó a nuestra compañera en una rotación sincrónica con la Tierra, mostrándole siempre la misma cara a su planeta. Puesto que solo vemos una cara de la Luna, enseguida nos planteamos una pregunta interesante, la de saber si hay una «cara oculta» de nuestra compañera y qué aspecto tiene. Lo difícil de las observaciones estriba en llegar a darse cuenta de que lo que vemos depende del lugar en el que nos encontremos.

Imagina la Luna girando alrededor de la Tierra, y ahora añade el Sol a esa imagen. La Luna está siempre medio iluminada. Tiene una cara diurna y otra nocturna, igual que la Tierra, pero desde esta raras veces vemos toda la parte iluminada de aquella. La Luna no tiene una «cara oculta» permanente. Durante la fase de luna nueva, por estar el satélite en conjunción con el Sol, no presenta hacia la Tierra ninguna parte iluminada y, por tanto, no se ve. Cuando está en fase de luna llena, vemos iluminado todo su círculo. Al igual que en la Tierra, la cara oculta de la Luna es el lado nocturno, solo que la noche lunar dura mucho más que la nuestra: unas dos semanas. Como en la Tierra, cuando el Sol sale en la Luna, comienza en esta el siguiente día lunar, que es mucho más largo que el nuestro. Un ciclo lunar completo —el tiempo que transcurre entre dos amaneceres en el mismo punto de la superficie lunar— dura aproximadamente lo mismo que un mes en la Tierra. Y, curiosamente, la danza cósmica de la Tierra y la Luna hizo disminuir la velocidad de rotación de esta, dando lugar a una vista maravillosa desde su superficie: una Tierra de color azul brillante en la oscuridad de la noche. Pero el verla depende de nuestra ubicación, porque la Tierra no sale ni se pone en el espectacular cielo lunar. La danza gravitacional ocultó la Tierra desde la cara más alejada de la Luna, pero desde allí podrías ver miles de estrellas titilando en un firmamento negro y aterciopelado.

Caminando bajo la luz de la Luna, intento imaginarla alejándose lentamente de nosotros. Actualmente se aleja de nuestra vista unos 3,8 centímetros cada año. (Esa es más o menos la misma velocidad a la que crecen las uñas).

Nuestro planeta y los organismos que lo pueblan evolucionaron bajo la influencia de la Luna, que genera las mareas y estabiliza las estaciones del año. Si bien la altura de las mareas en un planeta dado variaría en función de que ese planeta tuviera luna o no la tuviera, la vida en un océano profundo no se vería afectada. Y la vida en su superficie se adaptaría a esas condiciones. El hecho de tener un satélite o no tenerlo no debería afectar a la habitabilidad de otros mundos, pero yo me imagino cuántas lunas podría atesorar un planeta, creando un hermoso espectáculo en el cielo.

80 MUNDOS EXTRATERRESTRES

Si viviéramos en una luna en vez de en un planeta, en el cielo nocturno también veríamos el globo en una luz siempre cambiante. Al estar sobre la Luna, veríamos las fases de la Tierra de manera similar a como vemos nosotros las de la Luna desde nuestra posición estratégica. Y, si camináramos por la superficie lunar, veríamos incluso salir la Tierra por el horizonte. *Salida de la Tierra* es también el título de la fotografía que tomó el astronauta William Anders el 24 de diciembre de 1968 durante la misión espacial Apolo 8. Mucho más tarde el propio cosmonauta dijo: «Salimos a explorar la Luna y en cambio descubrimos la Tierra».

EXTRAÑAMENTE FAMILIAR: BIENVENIDOS A UN MUNDO EXTRATERRESTRE

En la foto *Salida de la Tierra*, nuestro planeta parece una canica azul. Pero, al medir la Tierra, nos damos cuenta de que en realidad no es una esfera. A causa de la rotación, está un poco aplastada: los polos están achatados y tiene una pequeña protuberancia en el centro. Y, como los continentes no están distribuidos de manera uniforme, la Tierra es más ancha por debajo del ecuador que por encima, lo que hace que tenga una forma graciosamente regordeta.

Nuestro planeta sigue siendo un rompecabezas interesantísimo, y no ha sido hasta hace poco que hemos empezado a encajar algunas de sus piezas. Si pudiéramos abrir el planeta por la mitad, su interior parecería un huevo cocido un poco deforme. El que ahora me imagine la Tierra como un huevo es culpa de Andy Knoll, porque así es como la describe en su cautivador relato *Breve historia de la Tierra*. El centro del planeta, la yema en esta analogía, consta de un núcleo interno sólido rodeado por un núcleo externo fundido; juntos constituyen aproximadamente una tercera parte de la masa del planeta. La materia más caliente y menos densa que hay cerca de la base asciende, mientras que las sustancias más frías y densas se depositan en el fondo, creando así la dinamo que alimenta el campo magnético de la Tierra.

Por desgracia, nadie ha sido capaz de viajar todavía al centro de la Tierra, por lo que los científicos han utilizado una combinación de mediciones y experimentos de laboratorio para extrapolar de qué está compuesto el núcleo. Pero, aunque no podamos llegar hasta él, hay otras formas de explorar el abrasador centro de nuestro planeta. Para obtener más información al respecto, los científicos estudian las ondas de energía que generan los volcanes. Las ondas se transmiten, se reflejan o se absorben en el núcleo, lo que nos indica cuál es su tamaño y densidad y de qué sustancias químicas está compuesto. El núcleo de la Tierra parece ser principalmente de hierro. Eso tiene sentido porque, cuando nuestro planeta se formó —sobrecalentado por las colisiones y la desintegración de la materia radiactiva—, el hierro debió de hundirse hasta su centro.

El manto terrestre (la clara del huevo cocido) rodea el núcleo y constituye aproximadamente dos terceras partes de la masa de la Tierra. Es sólido, pero, en una escala de tiempo muy amplia, se desplaza. De vez en cuando, los materiales del manto son transportados hasta la superficie. Los diamantes se forman a cientos de kilómetros por debajo de la superficie, y por lo general contienen diminutos fragmentos de sustancias procedentes del manto, que los científicos pueden examinar en el laboratorio. Quien posea un diamante tiene un indicio de la historia de nuestro planeta.

La parte de la Tierra de la que podemos extraer muestras es la corteza, la fina cáscara de huevo en nuestra analogía. Constituye apenas un 1 % de la masa del planeta. Es lo que queda de un antiguo océano de materiales fundidos que se extendieron por todo el joven planeta tras su formación. Los océanos de magma negro se enfriaron y dieron lugar a la primera corteza. En unos minúsculos granos minerales, llamados *circones*, está la clave de aquellos primeros tiempos. Los circones, al formarse, contienen una pequeña cantidad de uranio en su estructura, pero nada de plomo.

El uranio puede ser radiactivo y descomponerse en plomo con una vida media de miles de millones de años. Así pues, la presencia de plomo en los circones es fruto de esa descomposición radiactiva y, por tanto, hace las veces de reloj natural. El circón más antiguo tiene 4.380 millones de años, siendo casi tan primigenio como la propia Tierra. Sorprendentemente, en un planeta que tuvo un comienzo tan abrasador, al parecer había agua líquida hace más de cuatro mil millones de años, o al menos la había donde se formaron los circones, como atestiguan las marcas de oxígeno presentes en sus corpúsculos.

El agua líquida cubre aproximadamente el 70% de la superficie de la Tierra. Continentes de extrañas formas surgen de esos océanos, continentes que parece que podrían encajar entre sí como si fuesen piezas de un rompecabezas gigante. En 1912, el geofísico alemán Alfred Wegener propuso la idea de que los continentes se desplazan, idea que fue ridiculizada en general a pesar de que los continentes parecen piezas de un rompecabezas cuando se colocan en la posición debida. Por ejemplo, observemos cómo la costa oriental de Sudamérica se ajusta perfectamente a la costa occidental de África. Wegener no vivió lo suficiente para ver triunfar su teoría. Murió en 1930 durante una expedición a Groenlandia. Incluso cuando en 1957 comenzó la carrera espacial con el lanzamiento del Sputnik, los geólogos seguían pensando que los continentes eran estáticos. Hubo que esperar hasta 1960, cuando la tecnología heredada de la guerra hizo posible examinar la Tierra con más detenimiento, para que aquella idea resurgiese. Las mediciones por medio de sonar —que utilizan el sonido para medir la distancia y la dirección— detectaron cadenas montañosas en el fondo de los océanos, y los científicos descubrieron que, misteriosamente, el lecho marino próximo a esas cadenas montañosas era más joven que los fondos más alejados de ellas. Eso significaba que la nueva corteza oceánica se formaba en las cordilleras submarinas. Pero, si la nueva corteza oceánica se creaba en un sitio, la vieja tenía que destruirse en otro lugar. Los sismómetros mostraron que los terremotos no se reparten igualmente por todo el planeta, sino que suelen producirse en zonas específicas. Los terremotos dieron respuesta a la pregunta de dónde y cómo se recicla la corteza: esta es arrastrada de nuevo hacia el manto en las zonas de subducción. Estas zonas son los cementerios de la corteza terrestre, donde la materia vuelve al manto. Cuando eso sucede, y las placas que cubren la superficie de la Tierra se rozan, pueden producirse terremotos en las zonas limítrofes con las placas tectónicas.

Las placas, desde que la Tierra se enfrió lo suficiente para que estas pudieran formarse en su interior licuado, parecen haber estado desplazándose, separando y juntando los continentes y creando majestuosas cordilleras, la mayoría de las cuales han desaparecido con el paso del tiempo. Si alguna vez subes al Everest, busca conchas fósiles, porque su cima está compuesta de caliza marina, material que ahora está a más de ocho kilómetros por encima del nivel del mar. Ahora las conchas fósiles descansan más arriba del límite arbóreo como testigos de la transformación de la Tierra. Si recorriéramos en sentido contrario el movimiento de los planetas hasta hace unos trescientos millones de años, encontraríamos los continentes actuales unidos en un supercontinente llamado Pangea. Ni los Alpes, ni las Montañas Rocosas ni el Himalaya se habían formado todavía; no había paisajes reconocibles en ninguna parte. Las rocas atestiguan la creación y destrucción de al menos cinco supercontinentes a medida que las masas continentales en movimiento chocaban entre sí y se desgarraban. Los continentes se separaban y colisionaban a causa del movimiento de las placas sobre las que se apoyaban, modificando una y otra vez el aspecto de nuestro mundo, cosa que seguirán haciendo en el futuro.

La Tierra está cubierta de placas en movimiento que están vinculadas a procesos que tienen lugar en las profundidades del planeta. Las cordilleras submarinas se forman allí donde los ardientes materiales del manto terrestre ascienden a la superficie. El hundimiento de la corteza separa el fondo marino y en las dorsales de las cadenas montañosas se van acumulando nuevos materiales. Incluso el suelo que pisamos se modifica: todos los días se forma suelo nuevo y se destruye el antiguo. El suelo que hay bajo mis pies sigue desplazándose lentamente todos los años. La distancia que separa Nueva York de Londres aumenta 2,50 centímetros cada año. Cuando estoy en la costa de Nueva York y contemplo el océano, me imagino que el nuevo lecho marino está alejando lentamente Norteamérica de Europa. No notaré esos centímetros de más en el vuelo de vuelta para ver a la familia y a los amigos, pero el hecho de saber que el mundo se mueve constantemente me sirve de consuelo en los días de agobio.

Cuando miro por la ventana del avión, veo un planeta formado por un fascinante mosaico de placas entrelazadas que interaccionan entre sí. Los continentes despuntan del océano en la mayoría de ellas. Pero ¿por qué están por encima de los océanos? El suelo que pisamos, es decir, la corteza continental, está compuesto de un material diferente del de los fondos marinos. El granito se forma en el fondo del manto terrestre y asciende lentamente, como el aire caliente en una habitación fría, haciendo que se separe del denso fondo oceánico. El granito es más ligero que el fondo del mar, que se compone básicamente de basalto volcánico. De este modo, los continentes «flotan» por encima de la corteza oceánica. Y el agua llena las partes inferiores, creando océanos que asoman por encima de las olas. En las zonas de subducción, las densas losas de corteza se hunden en el fondo del manto, pero las ligeras islas de granito, al apilarse, forman grandes masas continentales que son cada vez más grandes y duraderas. Debido a este reciclaje tan eficaz, la corteza del océano no tiene más de doscientos millones de años de antigüedad, por lo que no deja marcas de las edades anteriores. Toda esa información queda sepultada bajo el conjunto de continentes que narran la historia de la Tierra.

La historia de la Tierra está escrita en las rocas. Cuanto más antiguas sean estas, más viejo será el capítulo correspondiente, pero más se habrán alterado las piedras a causa del calor, la presión y la capacidad disolvente del agua. Un análisis detenido nos permite interpretar el registro rocoso que guarda el secreto de la evolución de nuestro planeta y las placas interconectadas que no cesan de recomponer su superficie. Podemos ver gran parte de la historia del mundo en las rocas que nos rodean; por ejemplo, cuando contemplamos los espectaculares colores del Gran Cañón al anochecer. El cañón se extiende a lo largo del paisaje por donde el río Colorado se fue abriendo camino por Arizona. Esas hermosas franjas de piedras rojas estratificadas revelan millones de años de historia geológica. En cada estrato ha quedado registrado cómo era ese lugar cuando se formó, como un libro incompleto de la historia de nuestro planeta, al que cada vez le faltan más páginas a medida que retrocedemos en el tiempo y espléndidamente entrelazado con la aparición de la vida.

Si pudiéramos observar nuestro planeta con una máquina del tiempo, veríamos los continentes vagando por la superficie de la tierra, chocando de vez en cuando, creando nuevas cordilleras y derribándolas de nuevo. Si retrocediéramos aún más en el tiempo, veríamos que los océanos ocupaban más espacio sobre la superficie, mientras que los continentes lo perdían. No se sabe a ciencia cierta cuándo sobresalieron del agua los continentes. Pero hace unos miles de millones de años, en las lagunas cálidas y poco profundas que había en esas extensiones de tierra, alrededor de los respiraderos calientes del fondo del mar o en las plataformas de hielo parcialmente derretidas, los primeros organismos empezaron a tomar forma, transformando las rocas estériles en un mundo rebosante de una increíble diversidad de vida.

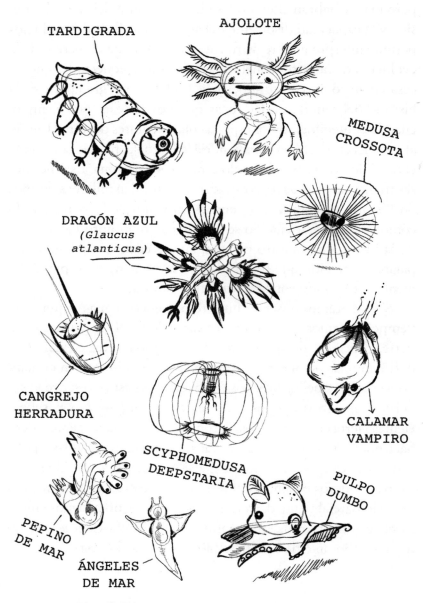

CAPÍTULO

3

¿Qué es la vida?

El hecho de que vivamos en un profundo pozo de gravedad, sobre la superficie de un planeta cubierto de gas que gira alrededor de un astro nuclear situado a ciento cincuenta millones de kilómetros de distancia, y que pensemos que eso es normal es un claro indicio de lo distorsionada que suele ser nuestra perspectiva.

DOUGLAS ADAMS, *The Salmon of Doubt: Hitchhiking the Galaxy One Last Time*

CÓMO CONVERTIRSE EN UNA EXOPLANETÓLOGA

Córcega es una hermosa isla francesa del Mediterráneo, situada frente a las costas de Italia. Es conocida por su clima templado, sus espléndidas montañas y sus apacibles playas. La primera conferencia académica a la que asistí se celebró en 1998 en Cargèse, en el oeste de la isla. Pensé que podría estirar mi escaso presupuesto tomando un vuelo turístico de última hora y un autobús, en vez de un taxi, desde el aeropuerto. Cuando llegué a la conferencia —cuyo tema era «Los planetas fuera del sistema solar: teoría y observaciones»—, supuse que el alojamiento (en un piso compartido con otros estudiantes) y las comidas estarían pagados.

El «desayuno» era un café con cruasán, y la «cena» consistía habitualmente en lo mismo, pero pasé cinco días maravillosos en aquella conferencia internacional. Yo cursaba segundo año en la universidad de Graz, una pequeña ciudad del sur de Austria, donde estudiaba Ingeniería y Astronomía, lo que significaba que asistía a dos universidades distintas: la Universidad Tecnológica de Graz, donde cursaba Ingeniería, y la Karl-Franzens-Universität Graz, donde estudiaba Astronomía. (En Austria la educación es gratuita). Por suerte para mí, Graz es una ciudad pequeña, por lo que se tarda entre diez y quince minutos en bicicleta en desplazarse entre las dos universidades. Me encantaba esa combinación de estudios, pues suponía un equilibrio perfecto para mí. En Ingeniería estudiaba los pequeños detalles, desde mecánica cuántica hasta la preparación de circuitos electrónicos, y en Astronomía investigaba las estructuras más grandes del universo, desde la forma de las galaxias hasta la estructura del cosmos.

En el vuelo a Córcega desentonaba un poco, acurrucada en mi asiento de clase económica entre personas con ropa de montaña, pero ninguno de aquellos senderistas me prestó demasiada atención. En cuanto aterrizamos, vi cómo se vaciaba enseguida el aeropuerto y esperé pacientemente a que llegase al autobús público. Las horas que tuve que esperar no me desanimaron. Tenía muchas esperanzas. Cuando por fin llegó el autobús, tarde como de costumbre o a la hora que cabía esperar en Córcega, el conductor quiso compensar el retraso conduciendo a toda velocidad por la carretera de la costa.

A mi izquierda estaba la ladera de la montaña; a mi derecha, unos acantilados al fondo de los cuales las olas hacían espuma al chocar contra las rocas. Aquel viaje de una hora de duración no era para corazones débiles. Yo estaba deseando que no se nos cruzase ningún coche, porque al conductor del autobús difícilmente le habría dado tiempo a ocupar su lado de la calzada. O la suerte estaba de nuestra parte, o bien todos los conductores de la isla estaban acostumbrados a esquivar el autobús público.

Por fin llegué al somnoliento pueblo de Cargèse. La brisa del mar empujaba el olor a sal hasta la diáfana sala de conferencias donde cincuenta personas nos habíamos reunido para reflexionar sobre los primeros nuevos mundos del cosmos. Las pausas para el café (también llamadas desayuno, comida y cena) tenían lugar en el exterior, bajo el cálido sol y con vistas al mar. Yo sentía cómo se expandía mi mundo.

Entre las personas que asistieron a la reunión se encontraba Didier Queloz. En 1995, él y Michel Mayor detectaron el primer planeta que giraba alrededor de otra estrella similar al Sol. Queloz era un estudiante de doctorado de treinta y dos años —solo once años mayor que yo cuando asistí a la conferencia— cuando él y Mayor descubrieron ese nuevo mundo. Los dos eran suizos, y aquel sorprendente descubrimiento lo hicieron en ese pequeño país montañoso que se asemeja un poco a Austria. Así que ¿era posible que también hubiera un sitio para mí en aquel campo de investigación?

Recuerdo claramente las conversaciones al borde del mar durante las pausas de la conferencia, cuando todos estábamos contagiados por el optimismo de aquellos nuevos descubrimientos y teníamos tantísimas preguntas para las que carecíamos de respuestas. Rodeada de catedráticos y científicos de todo el mundo, yo me sentía parte de aquella nueva aventura científica. Mis comentarios eran tenidos en cuenta, aunque solo fuese una estudiante de doctorado. Todavía recuerdo a James Kasting, el científico estadounidense que estableció los límites de la zona de habitabilidad, pidiéndome muy interesado mi opinión. El aire olía a primavera, y allí estaba Jim, un reconocido científico en el incipiente campo de la búsqueda de exoplanetas, preguntándome qué pensaba sobre alguna nueva teoría. Aquella era una experiencia completamente nueva para mí. En Austria, mis profesores rara vez pedían la opinión de sus estudiantes de doctorado, pero en aquel equipo internacional que soñaba con la exploración de nuevos mundos las jerarquías habían desaparecido.

Mi mundo cambió durante aquellos pocos días en Cargèse. Algunos oradores mencionaron en sus charlas que necesitaban ayuda para sus investigaciones, pues había mucho que explorar y muy pocas personas dispuestas a ello. Yo quería formar parte de esa aventura, quería buscar vida en el cosmos. Y, por primera vez, aquello no era un sueño dorado, sino una posibilidad real.

Terminada la conferencia, volví a mi vida de siempre en un avión cargado de pertrechos de montañismo —las mismas clases, los mismos amigos, los mismos exámenes—, pero mi visión del mundo había dado un giro tremendo. En alguna parte, ahí fuera, nuevos mundos me aguardaban para que los explorase.

Cómo llegamos aquí

La vida en la Tierra se basa en el andamiaje del carbono, y utiliza el agua como solvente. La abundancia de hidrógeno, carbono y oxígeno en el universo implica que la vida en otros mundos, si existiese, dependería probablemente del agua y el carbono. Pero veamos otras posibilidades. ¿Qué ocurriría con otro elemento que se comporta de manera similar al carbono, como el silicio? De hecho, en la Tierra, el silicio es más abundante que el carbono. Hay varias razones por las que el carbono parece superior al silicio en cuanto andamiaje para la vida. Una de ellas es su capacidad para formar una enorme variedad de vínculos con muchos átomos, incluido él mismo. El carbono puede crear moléculas complejas estables, como el ADN, pero también puede romperlas sin consumir demasiada energía. El carbono, cuando se une al oxígeno, crea CO_2, que se presenta en forma de gas en las condiciones que se dan en la Tierra, y es fácilmente soluble en agua líquida y, por tanto, útil para la vida. El silicio, cuando se une con el oxígeno, forma dióxido de silicio (SiO_2), también llamado *cuarzo*, el mineral del que está compuesta una quinta parte de la corteza terrestre. El dióxido de silicio no se presenta en forma de gas, salvo a temperaturas superiores a los 2.000 °C. Así pues, si bien el silicio se une con el oxígeno igual que el carbono, el producto resultante es casi imposible de descomponer en los átomos que lo forman. Tal vez por eso la vida prefirió el carbono al silicio en la Tierra.

En lo tocante a los líquidos, el agua es muy especial. En la Tierra se presenta en tres estados: sólido (hielo), líquido (en los mares, ríos y lagos) y gaseoso (en la atmósfera). Este poderoso disolvente es capaz de envolver y diluir más sustancias que cualquier otro líquido conocido. El agua permanece en estado líquido a lo largo de un gran rango de temperaturas, entre 0 y 100 °C a la presión de la superficie terrestre. Puede permanecer en estado líquido incluso a temperaturas más elevadas si está sometida a más presión y a temperaturas más bajas si se mezcla con muchos solutos. El agua de mar permanece en estado líquido hasta los -30 °C. El agua también protege de la radiación UV, que daña el ADN, característica esta de la que se aprovechan los organismos que viven en los mares y los ríos. El agua tiene otra característica interesante: cuando se congela, el hielo resultante es menos denso que en estado líquido, lo que hace que se expanda aproximadamente un 10 %. Por otra parte, el hielo aísla el agua que queda por debajo e impide que esta se congele, haciendo posible que la vida continúe en las profundidades de un lago durante los inviernos más rigurosos. En el fondo de los océanos, las temperaturas son casi invariables a lo largo de todo el año.

Los científicos están investigando el uso de otros solventes en lunas gélidas, como Titán, para crear formas alternativas de vida. El metano podría sustituir al agua como líquido en situaciones tan extremas. Lo malo es que la baja temperatura del metano líquido (en torno a -160 °C) podría ralentizar hasta tal punto las reacciones bioquímicas que ninguna forma de vida llegaría a desarrollarse. Todavía no hemos descubierto ninguna forma de vida que no utilice el agua y el carbono, por lo que, de momento, estos dos componentes parecen imprescindibles para la vida... tal como la conocemos. Eso nos proporciona un punto de partida en nuestra búsqueda de otros mundos habitables.

Definición de vida

Cuando rastreamos vida, ¿qué signos podemos buscar? ¿Qué características indican que algo está vivo? Dicho de otro modo, ¿qué es la vida? Realmente es difícil de definir. Por ejemplo, podríamos decir que la vida se mueve. Pero el fuego también lo hace. Podríamos decir que la vida evoluciona. Pero los virus informáticos también. Otro criterio es que la vida se reproduce; ¿significa eso que las mulas (que son estériles) no están vivas? Ya veis lo difícil que resulta definir lo que estamos buscando.

Aún no tenemos una definición de *vida* que ponga de acuerdo a los científicos. En su interesante libro *¿Qué es la vida?*, el británico Paul Nurse, que recibió el Premio Nobel de Fisiología o Medicina en 2001, propuso nuevas hipótesis para el debate y desarrolló tres criterios orientadores para definir la vida: (1) la vida tiene la capacidad de evolucionar por medio de la selección natural; (2) las formas de vida son entes físicos delimitados; y (3) las formas de vida son máquinas químicas, físicas e informacionales. Nurse tomó prestado el título de su libro de un apasionante trabajo (1944) del austríaco Erwin Schrödinger, también premio nobel, pero en este caso de física. En su libro, Schrödinger describe los aspectos físicos de una célula viva, lo que sirvió de inspiración al biólogo estadounidense James Watson y al físico británico Francis Crick para el descubrimiento, en 1953, de la estructura del ADN.

La NASA utiliza una definición similar en su búsqueda de vida en el cosmos: «La vida es un sistema químico autosuficiente, capaz de desarrollar una evolución darwiniana». Pero a continuación se sucede una animada controversia sobre la mejor manera de definir qué es la vida y cómo encontrarla en otros lugares.

La célula es la unidad estructural más pequeña con capacidad para funcionar de manera independiente. Imaginémonos la célula como un diminuto reactor químico, rodeado por una membrana, en cuyo interior hay una biblioteca que contiene información genética. Algunos de los organismos vivos más simples —las diminutas arqueas— cuentan con todo lo necesario para crecer, reproducirse y transformarse en una célula. Determinados compuestos orgánicos simples pueden formarse de manera natural en las condiciones que probablemente se dieron durante la formación de la Tierra. En 1952, dos científicos estadounidenses de la Universidad de Chicago —Stanley Miller y Harold Urey— sugirieron que la energía de los relámpagos pudo haber creado moléculas orgánicas en la joven Tierra. Para demostrarlo, llenaron un recipiente de cristal con dióxido de carbono, metano y vapor de agua —los supuestos componentes de la antigua atmósfera de la Tierra— e hicieron pasar una chispa a través de la mezcla de gases, a imitación de un relámpago. Este experimento dio lugar a la formación de una materia orgánica de color marrón en las paredes interiores del recipiente, y los resultados se han reproducido en numerosos laboratorios, incluido el de Carl Sagan en Cornell.

Es posible que la energía necesaria para producir reacciones químicas prebióticas ya estuviese presente en la joven Tierra: rayos ultravioletas de gran energía golpeaban la superficie, el calor de los volcanes empapaba el entorno y los relámpagos atravesaban la atmósfera primitiva. ¿Es así como comenzó la vida en la Tierra, a partir de la materia orgánica que las tormentas eléctricas producían? Aún no conocemos la respuesta. Además, hay otros lugares más sorprendentes donde los científicos han encontrado materia orgánica. Los meteoritos que aportaron la mayor parte del agua de la Tierra —condritas carbonáceas— también contienen sustancias orgánicas; una gran diversidad de moléculas orgánicas, como los aminoácidos, los azúcares y los ácidos grasos, recorrieron el espacio en esos antiguos mensajeros.

Antes de empezar a buscar vida en el cosmos, di por sentado que los científicos sabían cómo se inició la vida en la Tierra. Pues no lo saben. Esta cuestión fundamental sigue siendo objeto de investigación. Pero ya nos vamos haciendo una idea. En primer lugar, la vida necesita agua. En segundo lugar, necesita una superficie sólida donde las sustancias químicas puedan aglutinarse para formar enlaces y estructuras. Estos dos requisitos podrían darse en el fondo rocoso de una laguna o en el lecho del mar o incluso en el fondo helado de un charco sobre una capa de hielo.

Aún no sabemos cómo se conglutinó toda esa mezcla de elementos para formar moléculas autorreplicantes en las que minúsculas variaciones hicieron posible un perfeccionamiento que a lo largo del tiempo dio lugar al mundo que nos rodea. El entorno tenía que proporcionar, además de energía, las condiciones químicas adecuadas para que esas moléculas quedasen encapsuladas en una membrana y formasen una célula. Así es como la vida escapó al poder diluyente de los océanos y comenzó una exploración de miles de millones de años de duración para conquistar el mundo.

Cuando mezclamos las sustancias químicas necesarias para la vida en el agua, debemos encontrar la forma de concentrarlas para que puedan empezar a formar los componentes de la vida: las cadenas de ARN y ADN y la estructura celular que las contenga. Los científicos están haciendo grandes progresos en su intento de comprender cómo se inició la vida en la Tierra, pero sigue habiendo un problema fundamental: los investigadores todavía no pueden crear vida en el laboratorio. De momento, semejante hazaña sigue confinada en la imaginación de escritores visionarios como Mary Shelley y su creación más famosa, el doctor Frankenstein. Hay muchas razones por las que crear vida en un laboratorio es increíblemente difícil. ¿Cómo preparar el experimento (a qué temperatura, en agua dulce o salada)? ¿Cuánto tiempo hay que

¿QUÉ ES LA VIDA? 95

esperar para que la vida empiece a surgir (diez minutos, un año, diez mil años, un millón de años)?

Tenemos una idea aproximada de cómo era la superficie de la Tierra hace unos tres mil quinientos millones de años, cuando las piedras guardaron los fósiles de las primeras formas de vida conocidas. Aunque sabemos que la superficie terrestre era cálida y estaba cubierta de agua líquida, no sabemos si esas eran las condiciones necesarias para la aparición de la vida. A lo mejor esta comenzó antes de quedar registrada en ninguna piedra. Y tampoco sabemos si empezó en todas partes al mismo tiempo o si se inició en un diminuto nicho y luego se extendió por todo el globo. La vida pudo haberse iniciado en el fondo del océano, en grietas denominadas *fumarolas blancas y negras*, donde el agua caliente sale del fondo del mar y entra en contacto con una zona muy fría y profunda del océano que está sometida a una gran presión. Las redes tubulares cercanas a esas fumarolas podrían haber servido de superficie para la formación de estructuras precelulares. Las grandes diferencias de temperatura pueden concentrar las sustancias químicas y podrían haber bastado para crear estructuras precelulares y hebras similares a un prototipo de ARN. Si la vida se hubiese desarrollado así, no habría tenido contacto con el aire ni con la luz del Sol. Le habría dado igual que la superficie del planeta estuviese congelada o que fuese cálida y hermosa. ¿Es el fondo del mar el lugar en el que surgió la vida?

Curiosamente, los nuevos experimentos muestran que los rayos ultravioletas intensos —la parte de la luz solar que puede destruir las células (y la razón por la que necesitamos protector solar)— pudieron servir para impulsar la vida. Cierta cantidad de radiación UV aumenta la eficacia de determinadas reacciones químicas, las cuales probablemente transformaron en moléculas orgánicas las sustancias químicas suspendidas en el agua. Pero la radiación UV no llega hasta las profundidades del mar, de modo que, si es necesaria para el nacimiento de la vida, esta debió de haberse iniciado más cerca de la superficie terrestre. Seguirían teniendo que cumplirse dos condiciones: la presencia de agua y una superficie en la que las sustancias químicas puedan mantenerse unidas. El agua poco profunda de los estanques, lagos y capas de hielo habría servido para ello. Y la evaporación de parte del agua habría concentrado las sustancias químicas, facilitando así su aglomeración. Si hubiera surgido en aguas poco profundas, la vida habría visto la luz del Sol desde el principio. Ambas ideas sobre el origen de la vida son fascinantes, pero solo sabremos cuál de las dos es la correcta cuando consigamos mezclar las sustancias químicas y crear vida desde cero. Aun así, es posible que la vida haya surgido de más de una manera.

Bienvenidos al mundo de los científicos y su pensamiento. Si se nos presenta un problema demasiado grande para abordarlo, lo dividimos en partes más pequeñas y manejables. Lo seguimos dividiendo hasta obtener pedazos lo bastante pequeños para resolverlos individualmente. Cuando damos con una solución pequeña, intentamos encajar esa pieza en el marco del enorme rompecabezas. La creación de vida es uno de esos puzles. Así pues, lo desmontamos y creamos problemas cada vez más pequeños para ir resolviéndolos uno a uno, problemas como, por ejemplo, ¿qué sustancias químicas son necesarias para formar una estructura celular? ¿Cómo se reúnen esas sustancias químicas para construir las paredes celulares? ¿Qué sustancias químicas se precisan para obtener ARN? La lista de preguntas y piezas del rompecabezas va en aumento.

Billones y billones de reacciones químicas debieron de tener lugar en la joven, cálida y húmeda Tierra para llegar hasta la vida. Estas transiciones podrían haber sido inevitables o podrían haber sido extraordinariamente improbables. No lo sabremos hasta que hayamos explorado otros mundos en busca de signos de vida. Pero sucedió al menos una vez, aquí en la Tierra, y el resultado eres tú. Desde los diminutos microbios hasta los animales, la vida evolucionó a lo largo de miles de millones de años, desde una célula individual hasta la compleja colaboración de los billones de células de que estás hecho. En realidad, tu cuerpo es una fascinante combinación de células humanas y no humanas: cada uno de nosotros tiene unos treinta billones de células humanas —más que estrellas hay en nuestra galaxia—, que, sin embargo, son superadas en número por las células de diversos microorganismos que viven en y sobre nosotros. Esta colaboración es la que hace posible que nuestro cuerpo funcione. El aumento de la complejidad desde la primera célula hasta nosotros es asombroso y atestigua lo que miles de millones de años de evolución pueden lograr. Esto me hace pensar en cuántos procesos similares se habrán originado en otros lugares del cosmos.

Cada nueva información que obtenemos de los experimentos llevados a cabo, de las rocas y de los nuevos mundos situados en nuestra costa cósmica es esencial para resolver este enigma. El escaso registro rocoso de los primeros miles de millones de años de la Tierra nos proporciona algunos indicios, pero la mayor parte de la información relativa a cómo era el planeta en un principio se ha perdido en el tiempo porque aquellas antiguas rocas hace ya mucho que fueron destruidas por la erosión y por los movimientos de las placas tectónicas. Encontrar signos de vida en otros mundos nos puede dar alguna pista de qué necesita la vida en general para originarse. Si hallásemos mundos rebosantes de vida, pero que estuviesen congelados, eso indicaría que la vida en la Tierra comenzó probablemente en el hielo. Si no encontrásemos vida alguna en mundos helados, pero sí abundante vida en otros con condiciones templadas y agradables, entonces sabríamos que lo que la vida necesita para surgir son probablemente superficies cálidas. De todas formas, hay que hacer una advertencia: solo podemos ver qué aspecto tiene el planeta ahora, no cómo eran las condiciones cuando la vida se originó en él. Es verdad que tal vez en un futuro encontremos mundos lo bastante jóvenes como para que nuestros telescopios puedan vislumbrar el origen de la vida, pero si esto no ocurre y solo detectamos miles de planetas rocosos en diferentes fases de su evolución, podremos descifrar la evolución de los planetas por medio de miles de instantáneas en diversas épocas.

Los registros litológicos son indicios del momento en el que la vida se consolidó en nuestro mundo, pero aún no está claro cuánto tiempo duró ese proceso. Tras el período de bombardeo intensivo, la superficie terrestre se enfrió y el vapor de agua se licuó; grandes océanos cubrieron la nueva superficie, y el planeta empezó a parecerse al punto azul pálido que hoy conocemos. Las primeras pequeñas masas continentales surgieron de esos enormes océanos. Sabemos con seguridad que la vida comenzó a arraigar hace tres mil quinientos millones de años en aquella misteriosa Tierra original. Pero no podemos afirmar que la vida no existiese antes. Encontrar pruebas de vida anterior es realmente difícil, sobre todo porque hay pocas rocas que tengan más de tres mil millones de años. La mayoría de las rocas se transforman, son sometidas a subducción o son erosionadas por los agentes atmosféricos. Para dificultar aún más el trabajo de los científicos, solo algunos restos de vida se conservan bien en los fósiles.

En los museos de historia natural se exponen más huesos fosilizados que pieles o plumas. Ello se debe a que los huesos duros son mucho más fáciles de conservar que los tejidos blandos, y también por eso prosigue el debate sobre si los dinosaurios tenían plumas y una piel de vistosos colores. Pero, antes de que los huesos y las conchas pudieran conservarse en el registro fósil, la vida tenía que aprender a crear esqueletos mineralizados y conchas duras; sin embargo, eso no ocurrió hasta hace quinientos millones de años. Probablemente transcurrió tanto tiempo a causa del gran gasto de energía que el proceso implicaba. Entonces, ¿por qué sucedió? Los científicos creen que el aumento de oxígeno, en combinación con el de las posibilidades de sobrevivir a los ataques de los depredadores, hizo que el gasto de energía valiera la pena. Los fósiles empezaron a absorber la gran diversidad de vida animal que vagaba por nuestro planeta más o menos cuando se produjo lo que se conoce como explosión cámbrica. Los fósiles procedentes de la explosión cámbrica nos cuentan la fascinante historia de la increíble creatividad de la vida.

Pero, aunque resulte difícil imaginar que esa época fuese única por su diversidad, la vida muy primitiva, cuando había organismos como los tapetes microbianos que flotaban en el agua, no tenía partes duras que preservar.

Solo algunos de esos antiguos mundos microbianos se petrificaron y se conservaron en el registro fósil. Los estromatolitos, por ejemplo, son arrecifes fósiles formados por conjuntos de microbios sobre los antiguos lechos marinos, mucho antes de que los animales se hiciesen cargo de la construcción de arrecifes. Incluso ahora, en entornos donde los microbios submarinos están protegidos de los animales y las algas, los microorganismos siguen formando estromatolitos, mostrándonos una huella de la vida de tiempos inmemoriales.

LA VIDA SE AFIANZA

En 1674, el científico holandés Anton van Leeuwenhoek descubrió la asombrosa cantidad de diminutos organismos que hay en una sola gota de agua, organismos que no estaban al alcance de las miradas indiscretas porque eran demasiado pequeños para verlos a simple vista. Inspirándose en la *Micrografía* (1659) de Robert Hooke, libro que contenía magníficas y detalladas ilustraciones de texturas ampliadas de insectos y plantas, Van Leeuwenhoek fabricó magníficos microscopios compuestos con los que era posible ver un asombroso mundo de diminutas formas de vida.

Unos doscientos años más tarde, en 1859, Charles Darwin, en *El origen de las especies*, defendió la evolución por medio de la selección natural. Casi un siglo después, en 1953, Watson y Crick publicaron la estructura del ADN en la revista *Nature*, basándose en imágenes tomadas por la química británica Rosalind Franklin y el biofísico neozelandés Maurice Wilkins, y abrieron las puertas a la comprensión de la vida a una nueva escala.

Los organismos unicelulares, que fueron las primeras formas de vida sobre la Tierra, dominaron nuestro planeta hasta hace unos 2.500 millones de años, cuando la vida se hizo más compleja. La célula, que es la unidad básica de la vida, está envuelta en una membrana, una selectiva pared que deja entrar algunas moléculas e iones, rechazando otros. La célula también contiene un manual de instrucciones que le indica cómo reconstruirse: su código genético. Podemos examinar las células individuales para obtener más información sobre la vida en general. Pero incluso estas unidades básicas de la vida sobre la Tierra pueden ser increíblemente diferentes en cuanto a forma y tamaño.

Las células pueden ser diminutas (hay miles que miden solo un milímetro) o enormes. Las células nerviosas pueden medir hasta un poco más de un metro: hay una que llega desde la base de la columna vertebral hasta la punta del dedo gordo. Probablemente, una de las ganadoras en una competición de células de peso pesado, gigantesca en comparación con sus rivales, sea la yema de huevo de avestruz, que mide unos ocho centímetros de diámetro y pesa cerca de medio kilo. Desde que lo sé, mi relación con los huevos del desayuno ha cambiado: la yema de huevo, por increíble que parezca, no es más que una gran célula. Al investigar sobre esta cuestión se me pasó por la cabeza comerme un enorme huevo de avestruz: una prueba de degustación de una de las células más pesadas en nombre de la investigación científica.

El análisis del registro fósil de la superficie y la atmósfera terrestres arroja luz sobre los increíbles cambios que han tenido lugar en nuestro planeta a lo largo del tiempo y nos induce a buscar más signos de vida. Pero las muestras más antiguas de la atmósfera terrestre —las burbujas de aire atrapadas en el hielo antártico— tienen solo dos millones de años de antigüedad. Así pues, todo lo que sabemos sobre la joven Tierra tenemos que sacarlo de las rocas que se formaron al entrar en contacto con el agua y el aire primitivos.

Todo sería muchísimo más fácil si contáramos con una máquina del tiempo, y si Einstein no hubiera demostrado que los viajes al pasado son imposibles. Me encantaría montar en una de esas máquinas para ver alguno de los primeros cambios de la Tierra. Si alguna vez tienes esa oportunidad, hay una cosa que no puede faltar en tu equipaje. ¿Qué cosa? Cuando hago esa pregunta en mis clases, las respuestas suelen ser muy variadas. Las cámaras de fotos ocupan normalmente el primer lugar. Me gustaría que un imaginario viajero en el tiempo llevase una cámara a la joven Tierra, pero, si ese fuera el objeto elegido, al abrir la puerta de la máquina del tiempo..., moriría, porque la composición química del aire actual es muy diferente a la que había cuando la Tierra era joven. El oxígeno que respiramos es una incorporación tardía a la mezcla, al menos en las cantidades que nos permiten sobrevivir. Ese tremendo cambio se debe a la vida en nuestro punto azul pálido. Por lo tanto, si Einstein no estuviera en lo cierto y pudieras viajar a la Tierra primigenia, deberías llevarte una máscara de oxígeno. Entonces podrías añadir a tu equipaje una cámara, un juego de química y todo lo que cupiera en la máquina del tiempo y te sirviera para ampliar nuestro somero conocimiento de la historia de la Tierra.

La atmósfera terrestre actual está compuesta de un 78 % de nitrógeno, un 21 % de oxígeno y un 1 % de todo lo demás. Pero, antes del incremento del oxígeno, hace unos dos mil millones de años, el aire estaba compuesto principalmente de nitrógeno y dióxido de carbono. Al principio, en la Tierra no había oxígeno para respirar; este no apareció hasta que surgieron los primeros organismos que lo producían. El oxígeno empezó a formar parte del aire hace solo unos 2.400 millones de años —poco después de que la Tierra cumpliera dos mil millones de años—, durante lo que hoy se denomina Gran Oxidación. Las rocas superficiales anteriores a aquel período contienen minerales que el oxígeno destruye fácilmente. A partir de entonces, ya no es así. El registro fósil nos cuenta la historia de un mundo en el que el surgimiento de la vida cambió por completo el planeta que la acogía.

La complejidad de los microbios está limitada por la cantidad de energía que reciben. Así pues, las cianobacterias, cuando evolucionaron para utilizar el agua y la luz solar como fuentes de energía, provocaron una revolución. Empezaron a transformar el agua en hidrógeno, que servía para alimentar la célula, y a generar un producto de desecho: el oxígeno. Esto dio lugar a una enorme contaminación atmosférica. Mientras que el oxígeno es fundamental para la supervivencia de los seres humanos, para la mayoría de las formas de vida de aquel período fue un desastre. El oxígeno produce una gran variedad de átomos y moléculas reactivos que pueden dañar las proteínas y el ADN, lo que obliga a los organismos a desarrollar mecanismos de defensa. La mayoría de la vida unicelular no tuvo tiempo suficiente para sobrevivir en el nuevo entorno. Pero las formas de vida que aprendieron a utilizar esta nueva fuente de energía, que combinaba el oxígeno con materiales ricos en carbono, tuvieron a su disposición una gran cantidad de energía, lo que hizo posible la vida pluricelular. Otro paso más cerca de nosotros.

¿La vida en otros planetas también descubrirá que la luz solar es una fuente de energía, desarrollará la fotosíntesis, contaminará el aire con grandes cantidades de un producto de desecho (oxígeno) y luego aprenderá a utilizarlo?

Cuando los animales se diversificaron hace unos 540 millones de años —otro paso en la evolución que condujo hasta nosotros—, el aire de la Tierra contenía hasta un 10 % de oxígeno. Pero el suministro de energía no fue la única novedad que este elemento trajo consigo. El oxígeno del aire también dio lugar a la capa de ozono, situada a unos 25 kilómetros de altitud, que protegía la superficie de la Tierra de la destructora radiación UV. La capa de ozono convirtió la superficie en un lugar seguro y permitió que la vida saliese del agua para explorarla. Desde ese momento, los agotados viajeros en el tiempo podrían sobrevivir en la Tierra aunque se hubieran olvidado de llevar sus máscaras de oxígeno.

Hoy en día, las plantas, las algas y las cianobacterias generan el oxígeno que respiramos gracias a la fotosíntesis, una reacción que utiliza la energía solar para convertir seis moléculas de dióxido de carbono y seis moléculas de agua en una molécula de glucosa, uno de los componentes básicos de la vida. Este proceso genera también seis moléculas de oxígeno. Dos reacciones hacen circular el oxígeno y el carbono entre los organismos y el medio ambiente: la fotosíntesis absorbe dióxido de carbono, agua y energía, convirtiéndolos en glucosa y en oxígeno. A continuación, cuando los organismos comen las plantas que contienen esas moléculas de glucosa orgánica, esta reacciona con el oxígeno y produce la energía que necesitan. Pero eso no es todo. En el mar, los organismos utilizan el carbono para fabricar conchas, lo que les permite retener y liberar oxígeno.

Las concentraciones de oxígeno en el aire aumentaron lentamente incluso después de la Gran Oxidación; hace unos dos mil millones de años, la cantidad de oxígeno presente en el aire no llegaba siquiera al 1 % del que hay hoy. Pero no toda la vida sobre la Tierra evolucionó para poder utilizar el oxígeno. Los organismos anoxigénicos nos permiten hacernos una idea de cómo era la biosfera de nuestro planeta antes de que el oxígeno aumentase. Una biosfera benigna en un joven planeta similar a la Tierra podría estar compuesta de esas formas de vida incapaces de sobrevivir en una atmósfera rica en oxígeno. En la Tierra, los organismos anoxigénicos permanecieron alejados del oxígeno en determinados entornos como las solfataras de Yellowstone, que ofrecen una espectacular gama de colores. Estos entornos son como plantillas para los científicos que buscan vida en mundos desprovistos de oxígeno. Encontramos tales espacios en muchos lugares del planeta, lugares que la vida colonizó para explotar unos recursos que nadie quería. La vida es sorprendentemente tenaz.

Desde la biota, que produce esas asombrosas tonalidades en el

Parque Nacional de Yellowstone, hasta la vida que florece en las aguas rojizas del río Tinto, en Huelva, cuyos vistosos colores se deben a la extrema acidez del río y a los altísimos niveles de hierro y otros metales pesados, estos organismos extraordinarios nos muestran solo una pequeña parte de los entornos que la vida ha conquistado aquí en la Tierra. Y nos permiten hacernos una idea de la diversidad de mundos como este a través de nuestros telescopios.

Plasmando los colores de estas diferentes formas de vida en cadenas de código informático, puedo ver cómo transforman mis modelos planetarios. Puedo cubrir los océanos con una floración de algas verdes o sembrar los continentes de amarillos tapetes microbianos. Tras dedicar mucho tiempo a buscar información sobre qué aspecto tendría esta diversidad de vida en nuestros telescopios, construí un laboratorio para criar esos organismos y recopilar yo misma la información necesaria. Eso me permite codificar diferentes formas de vida en cientos de líneas de números que le indican a mi ordenador cómo esos organismos interaccionan con la luz y con la atmósfera. Puedo crear nuevos mundos sin salir de mi despacho.

Esto es lo más parecido a viajar en el tiempo que podamos imaginar. Una joven Tierra va tomando forma en la pantalla de mi ordenador. Los volcanes entran en erupción y llenan la atmósfera de nubes tóxicas; luego las primeras briznas de oxígeno flotan en el aire, se forma la primera delgada capa de ozono para proteger la superficie del planeta, y las primeras formas de vida se arriesgan a pisar tierra firme, pintando con sus colores nuestro mundo. La luz solar que ilumina nuestro planeta deja ver un hermoso mundo en constante evolución. La atmósfera filtra la luz, que es enviada al cosmos. Lleva consigo una imagen de nuestro mundo cuando la luz comenzó su viaje. También constituye una plantilla para saber cómo buscar mundos como el nuestro en otros lugares.

Si no es posible viajar a otros mundos para tomar muestras y analizarlas bajo el microscopio, entonces es preciso idear maneras creativas de encontrar rastros de biota extraterrestre. La vida puede cambiar todo un planeta, como sucedió en la Tierra, donde evolucionó a lo largo de miles de millones de años para utilizar la fuente de energía más abundante: la luz. A través de mutaciones y de la selección natural, algunos organismos unicelulares desarrollaron receptores lumínicos y dieron con una forma de utilizar la luz para producir reacciones en las células, toda una innovación en la historia de la vida. Posteriormente, unos mil millones de años después, tuvo lugar otra innovación que llevó a las cianobacterias a utilizar el agua, el CO_2 y la luz solar para producir energía y un producto de desecho (oxígeno): la fotosíntesis. Esto fue el preludio de un período en el que pudo florecer una vida compleja que necesitaba más energía. La evolución utilizó el aumento de energía para desarrollar mecanismos más complejos que nos han llevado a preguntarnos si estamos solos en el universo.

Veinticuatro horas en la vida de la Tierra

Sabemos que la Tierra tiene cuatro mil quinientos millones de años de antigüedad. Para poner en perspectiva los miles de millones de años de nuestro planeta, voy a describir su evolución como si hubiera tenido lugar en un período de veinticuatro horas. Al imaginar la Tierra y la vida como si estuviéramos hablando de una jornada completa, desde la medianoche hasta otra vez la medianoche, comprendemos atónitos cuantísimo ha cambiado el planeta a lo largo de su evolución. Los seres humanos solo conocemos medianamente bien un período muy breve, aunque hermosísimo, de la historia de nuestro planeta: el período durante el cual el clima terrestre nos ha permitido —a ti, a mí y a nuestros semejantes— sobrevivir y maravillarnos. En el gran proyecto de la evolución de la Tierra hasta la fecha, la humanidad es solo un instante en sus cuatro mil quinientos millones de años de existencia. De nosotros depende que ese instante se prolongue en el tiempo.

106   MUNDOS EXTRATERRESTRES

Imaginemos que la Tierra se formó hace veinticuatro horas, a las 00.00 horas. Los registros fósiles indican que la vida comenzó hacia las 5.00 (hace tres mil quinientos millones de años). Ese momento inicial podría haber sido incluso anterior, pero no hay forma de comprobarlo. El oxígeno hizo su aparición y transformó el aire un poco antes de la hora del almuerzo (hace unos 2,4 miles de millones de años). Los fósiles de los primeros organismos pluricelulares se remontan a las 13.00 (hace unos 2.100 millones de años). Las primeras plantas terrestres se desarrollaron hacia las 20.00 (hace 750 millones de años). La explosión cámbrica se produjo hacia las 21.00 (hace 530 millones de años) y constituye el surgimiento casi simultáneo de miríadas de animales con caparazones duros. Las plantas se generalizaron y empezaron a teñir de verde los continentes hacia las 21.30 (hace 450 millones de años). El oxígeno alcanzó una concentración del 15 % hacia las 22.00 (hace 400 millones de años), permitiendo a un supuesto viajero en el tiempo respirar sin ayuda por primera vez desde la formación del planeta. Los poderosos dinosaurios vagaron por la Tierra durante una hora, entre las 22.40 y las 23.40 (hace entre 250 y 66 millones de años). El Himalaya empezó a elevarse a eso de las 23.45 (hace 50 millones de años). El *Homo sapiens* salió a la escena cósmica unos segundos antes de medianoche (hace 300.000 años) y las primeras señales de radio fueron emitidas desde nuestro planeta una fracción de segundo antes de medianoche (hace 100 años).

Si fueses un viajero en el tiempo sin un mapa cósmico, ¿reconocerías la Tierra durante tu trayecto? En la película *El planeta de los simios* (1968), basada en una novela de Pierre Boulle, unos exploradores aterrizan en un planeta y no se dan cuenta de que es la Tierra hasta que encuentran la Estatua de la Libertad semienterrada en la arena. Pero imagina que tú eres uno de esos exploradores. ¿Reconocerías tu propio mundo? ¿Qué utilizarías para identificarlo?

Fijémonos primero en los cambios más recientes, en aque-

¿QUÉ ES LA VIDA? 107

llos que nos resultan familiares. El *Homo sapiens* apareció hace 300.000 años, unos segundos antes de medianoche. Todos los puntos de referencia que usamos para orientarnos tienen solo unos instantes en lo que respecta al tiempo geológico. El Himalaya y los Alpes llevan ahí solo unos pocos millones de años, desde las 23.45 aproximadamente. Los continentes chocaron entre sí y se separaron una y otra vez a lo largo de la historia terrestre, creando cordilleras que no podemos imaginar, y mucho menos identificar, en una Tierra más joven. Esas cordilleras no te servirían de punto de referencia. Los dinosaurios empezaron a vagar por la Tierra hace unos 250 millones de años, a eso de las 22.40. Los trilobites comenzaron a poblar la Tierra hace 530 millones de años, hacia las 21.00, y estuvieron en ella hasta la era de los dinosaurios, pero ¿reconocerías nuestro planeta basándote en los trilobites que flotaban en el mar? ¿No es posible que esas extrañas criaturas te parecieran formas de vida alienígenas? Incluso la extensa vegetación terrestre estaba ausente hasta hace unos 450 millones de años, a eso de las 21.30; antes de que apareciera, la tierra era un yermo y el paisaje habría sido irreconocible para un ser humano actual. Hasta el cielo carecía de las familiares y reconfortantes constelaciones de estrellas.

Si el dial de la máquina del tiempo volviera a las primeras horas del nuevo día, la joven Tierra en la que te posarías te parecería un mundo alienígena.

LOS COLORES DE LA TIERRA

Cualquier hipotético astrónomo extraterrestre que dirigiese su telescopio hacia la Tierra vería nuestro astro en un momento de nuestro pasado, tanto más alejado cuanto más joven pareciese nuestro planeta. Para pintar los colores de nuestro mundo a lo largo del tiempo necesitarías una paleta de pintor.

La Tierra negra. Una joven Tierra, con su fría corteza de magma negro, su húmeda y vaporosa atmósfera, y una enorme Luna que se alzaba extrañamente en el cielo, parecería un mundo sacado de una película de ciencia ficción. Gigantescos volcanes arrojaban al aire vastas cantidades de gases tóxicos, creando un mundo envuelto en nubes y bruma.

La Tierra azul. Una vez que la Tierra se hubiese enfriado y los océanos la hubiesen envuelto, nuestro planeta empezaría a parecer un punto azul desde el espacio. La joven Luna también se habría enfriado, y nuestra gran compañera gris habría puesto en marcha enormes mareas alrededor de este joven mundo; aquí y allá, los primeros continentes empezarían a surgir de los interminables mares: un paraíso para los surfistas... si estos no tuvieran que respirar. Durante miles de millones de años, más y más continentes surgieron de los océanos, creando un patrón de color gris en medio de los mares azules.

La Tierra roja. Al cabo de 2.500 millones de años, el oxígeno de la Tierra comenzó a acumularse en el aire. La tierra firme seguía siendo completamente yerma y, con el aumento del oxígeno libre, el suelo empezó a herrumbrarse. El oxígeno reaccionó con los minerales de la superficie, tiñendo de rojo partes del planeta. Durante un tiempo, la Tierra parecía probablemente un gran Marte húmedo, con continentes rojos separados por mares azules.

La Tierra blanca. La Tierra se ha congelado completamente en varias ocasiones a lo largo de su historia geológica; una prueba de ello la encontramos en el registro fósil hace 2.400 millones de años y una segunda vez hace 650 millones de años. Esta situación convirtió nuestro planeta en una bola blanca y crujiente, cubierta de hielo y aguanieve desde los polos hasta el ecuador. Los científicos creen que se enfrió porque las enormes erupciones volcánicas provocaron una rápida pérdida de CO_2 en el aire que rodeaba las calientes rocas volcánicas, reduciendo el efecto invernadero y dando lugar a una glaciación planetaria. Una vez congelado el planeta, los procesos de meteorización se ralentizaron. Aun así, la desgasificación volcánica de CO_2 siguió su curso, alcanzando niveles que provocaron un enorme calentamiento y un catastrófico deshielo, y transformaron la Tierra en un mundo cálido que posteriormente se atemperó.

El punto azul pálido. Cuando la vida empezó a conquistar la masa continental, hace unos 450 millones de años, la Tierra volvió a cambiar, mostrando unos luminosos continentes verdes que la biosfera había añadido al océano azul. Los vastos océanos de nuestro planeta, su mosaico de nubes blancas y la dispersión de la luz azul por la atmósfera se combinan para pintar nuestro mundo de un azul pálido, delicado y sorprendentemente hermoso. Una manchita brillante sobre el inmenso lienzo negro del espacio. Las palabras de Carl Sagan resuenan en mi cabeza cada vez que pienso en el lugar que ocupamos en el cosmos: «Fijaos otra vez en ese puntito. Eso está aquí. Esa es nuestra casa. Somos nosotros».

Sabemos que la vida puede cambiar un planeta porque eso es lo que ocurrió en la Tierra. La historia de la Tierra narra su profunda transformación y nos permite echar un primer vistazo a la diversidad de un mundo rocoso y a la vida que alberga, señalándonos qué es lo que debemos buscar.

110 MUNDOS EXTRATERRESTRES

COMPARATIVA DEL TAMAÑO DEL SOL Y LA TIERRA

SITIOS EN LOS QUE BUSCAR VIDA
EN EL SISTEMA SOLAR

Tierra | Marte | Titán | Europa | Encédalo

CAPÍTULO
4

Cómo buscar vida en el cosmos

No temo la noche porque me gustan demasiado las estrellas.

SARAH WILLIAMS

LOS COLORES DE MI MUNDO

En el norte del estado de Nueva York las estaciones cambian en un frenesí de colores. El verde fresco de la primavera —salpicado de flores rosas y blancas— da paso a los maizales amarillos del verano, luego a las llamativas hojas anaranjadas del otoño, después al austero paisaje blanco del invierno..., y vuelta a empezar. Lo más notorio es ese verde presente por doquier durante la mayor parte del año. Si iluminas una superficie, parte de la luz se refleja. La vegetación parece verde porque refleja la luz de ese color.

La mayoría de las plantas que producen oxígeno utilizan el pigmento verde de la clorofila, lo que significa que reflejan la luz verde, pero usan la luz roja y violeta para facilitar la fotosíntesis. Casi la mitad de la fotosíntesis de la Tierra la realizan las cuatrocientas mil especies de plantas terrestres que tiñen los continentes de un hermoso color verde. Pero la vida no era igual cuando este planeta era más joven. Pigmentos alternativos han evolucionado a lo largo de la historia de nuestro mundo: algas, bacterias y líquenes de los más diversos colores han aprovechado la energía solar. Aunque sería reconfortante encontrar árboles verdes también en planetas que giran alrededor de otras estrellas, como ocurre en la Tierra, la vegetación verde no se generalizó hasta hace unos 450 millones de años, lo que significa que si fueses un extraterrestre que solo busca vegetación verde, no verías las características de la vida durante la mayor parte de su existencia en nuestro planeta. Una amplia gama de colores permite encontrar vida en la Tierra. Habrá de pasar mucho tiempo antes de que podamos hollar un exoplaneta, pero podemos captar la luz de esas lunas y planetas gracias a los telescopios. ¿Habrá mundos que tengan el mismo aspecto que el nuestro?

Al entrar en mi laboratorio, lo primero que llama la atención —después del aparente batiburrillo de frascos y recipientes— son las hermosas franjas de color. Cada placa de Petri alberga un tipo específico de vida que la llena de tonalidades amarillas, verdes o rojas. Las algas pintan sus casas de rosa, rojo, naranja y verde. Imagina un mundo nuevo con un océano cubierto de brotes de algas rojas y con mares de un color rojo fuego.

¿Por qué estoy yo, una astrónoma, cultivando diferentes microorganismos en un laboratorio de biología? Es un trabajo detectivesco. ¿Cómo se atrapa a los ladrones? Buscando las huellas dactilares que van dejando por ahí. La vida tiene sus propias huellas dactilares. Puede cubrir un mundo de múltiples tonalidades. Sería una lástima que los científicos no encontrasen signos de vida en el cosmos por dedicarse a buscar exclusivamente plantas verdes. Pero, como no había ninguna base de datos de los colores de la vida que se pueden ver con un telescopio, decidí crear un catálogo de colores de la vida, con todos sus increíbles matices, que abarcase todas las especies que me fuese posible encontrar. En este sentido, *encontrar* significaba convencer a mis colegas biólogos de que me facilitasen muestras que hubiesen recogido con

CÓMO BUSCAR VIDA EN EL COSMOS

otros fines. Las muestras representan la biota de muchos lugares: desiertos áridos y abrasadores, placas de hielo del gélido Ártico, ardientes manantiales sulfurosos... y la vuelta de la esquina. Es fácil olvidar cuán asombrosamente diversa es la vida sobre la Tierra. Los organismos se acostumbran a sobrevivir en sus hábitats; de ahí que haya formas de vida tan diferentes, desde medusas hasta insectos palo. Sin embargo, bastan los microbios para llevar esta diversidad a extremos inimaginables.

Pero, si bien cultivar microorganismos es más fácil que, por ejemplo, criar animales, en realidad no es tan sencillo como pudiera parecer, sobre todo para un astrónomo. Cuando hacía un curso de verano en la Universidad Johns Hopkins de Baltimore, cultivé células cerebrales en el laboratorio y, al trasvasarlas a un nuevo recipiente, maté sin querer al 96 % de ellas. Al parecer, eso les suele suceder a los principiantes. La universidad me invitó a volver de todos modos al año siguiente, lo que me pareció una buena señal, pero, para entonces, ya había descubierto los exoplanetas y me había aficionado a la búsqueda de vida en el universo. Comprender cómo cultivar la vida en el laboratorio me resulta útil ahora que intento encontrarla en otros mundos. Pero ¿qué debo hacer para no destruir las muestras de biota?

Primero convencí a los jefes de departamento de Microbiología y Teledetección de que realmente necesitaban a una astrónoma o un astrónomo en sus laboratorios. Por eso fundé el interdisciplinario Instituto Carl Sagan en la Universidad de Cornell, porque sabía que los astrónomos solos no podríamos encontrar vida en el cosmos. Nuestros colegas de otros departamentos nos facilitan toda clase de recursos, aunque, ciertamente, a veces no saben muy bien qué es lo que busca un astrónomo. Pero este grupo de científicos y aficionados ha creado una increíble red de colaboración. Una de estas colaboraciones me permite buscar organismos de vivos colores por todo el planeta y detectar sus huellas lumínicas, es decir, sus retratos cósmicos, para poder identificarlos si aparecen en nuestros telescopios. Y estoy enormemente agradecida a mi equipo de profesionales de astrobiología, que son capaces de cultivar diversas formas de vida sin destruir la mayor parte de ellas, pues sé lo difícil que es.

Una vez cultivados los organismos, debemos averiguar qué aspecto tendrían vistos a través de un telescopio. Mis colegas y yo amontonamos docenas de viales llenos de vistosos organismos en una mochila (un medio de transporte barato) y atravesamos el campus hasta llegar al laboratorio de teledetección de la Facultad de Ingeniería Civil. En este segundo laboratorio instalamos un espectrómetro con una curiosa esfera dorada que parece una bola 8 mágica y colocamos los diferentes organismos dentro de la esfera para que la luz incida en nuestra muestra desde todas las direcciones, como sucedería en la superficie de un planeta.

Entonces medimos la luz que rebota contra nuestra muestra. El espectrógrafo, el instrumento que analiza la luz en las tonalidades de cada color, nos indica exactamente cómo rebota la luz contra la superficie. Obtenemos esa información —la huella dactilar de la luz reflejada— y la incorporamos a nuestro instrumental para que, por ejemplo, si en otro mundo hay una proliferación de algas de color rosa, naranja o verde, sepamos qué buscar.

En busca de vida: ¿por dónde empezamos?

Nosotros no somos más que una de las muchas especies situadas a lo largo de una extensa línea de la vida sobre nuestro hermoso planeta. La vida sobre la Tierra es impresionantemente diversa. Imagina el fondo del océano y la vida submarina que hay allí: organismos con curiosos nombres como ángeles de mar, medusas psicodélicas, pepinos de mar, deepstaria enigmática, pulpos Dumbo y calamares vampiro. Me asombran y me sirven de inspiración por su extraña belleza y diversidad. Y los fondos marinos son solo uno de los innumerables lugares donde la vida se siente como en casa. En nuestro planeta viven, tirando por lo bajo, ocho millones

CÓMO BUSCAR VIDA EN EL COSMOS 115

de especies animales y vegetales. Si pudieras leer una descripción de solo una página de cada una de ellas, tardarías más de quince años —sin descansar— en leerlas todas.

La inmensa diversidad de la vida en nuestro propio planeta puede clasificarse en cuatro grandes categorías basadas en su fuente de carbono y energía. La vida puede absorber el carbono directamente de su entorno, del mismo modo que las plantas absorben el CO_2 de la atmósfera o del agua: son, por tanto, autótrofas (*auto* significa «propio» o «por uno mismo» y *trofo*, «alimento»). La vida puede absorber el carbono del consumo de compuestos orgánicos, que es lo que hacen los animales y los seres humanos, los cuales son heterótrofos (*hetero* que significa «distinto»). Los seres vivos pueden obtener energía de la luz solar (*foto-*), que es lo que hacen las plantas, o de las reacciones químicas que descomponen los compuestos orgánicos e inorgánicos (*quimio-*), que es lo que hacen los animales y las personas. Los seres humanos somos quimioheterótrofos, pues obtenemos la energía tanto del carbono como de la alimentación. Las plantas son fotoautótrofas, pues obtienen la energía de la luz solar y del carbono del CO_2. Algunas bacterias son fotoheterótrofas, pues obtienen la energía de la luz solar y el carbono de la alimentación. Pero hay formas de vida en la Tierra que no necesitan ni luz ni nutrientes: los seres quimioautótrofos. Algunas bacterias consiguen la energía de las reacciones químicas y sacan el carbono del CO_2, lo que significa que pueden habitar entornos en los que ni tú ni yo podríamos sobrevivir.

Pero la vida tiene también sus límites: temperaturas y presiones bajo las cuales las estructuras —células, ADN y proteínas— se desintegran por muy bien protegidas que estén. Pero, dentro de esos límites, la vida florece sobre la Tierra en una enorme diversidad de entornos. Se encuentra alrededor de las fumarolas blancas y negras, que son unas chimeneas naturales formadas por minerales sulfurosos que bombean agua muy caliente (unos 300 °C), ennegrecida por el sulfuro de hierro, en los gélidos abismos oceánicos; estas chimeneas sustentan una próspera comunidad a dos kilómetros de profundidad en aguas con altas concentraciones de sulfuro de hidrógeno. En la salmuera semiderretida del Antártico, las algas unicelulares acumulan energía a partir de la luz solar que se filtra a través del hielo y asimilan nutrientes del agua subyacente. Incluso en los manantiales sulfurosos y los lagos alcalinos, la vida se desarrolla con vigor. Pero, a pesar de su aparente diversidad, la vida sobre la Tierra se fundamenta en solo veinticuatro elementos de los más de cien que los científicos conocen. Todas las proteínas de los organismos vivos se construyen a partir de los mismos veintidós aminoácidos, aunque haya más de quinientas posibilidades. Y todas las formas de vida que conocemos utilizan el ADN (o el ARN). Si la vida evolucionara en otro lugar, ¿funcionarían también otras fórmulas? No sabemos si estos compuestos triunfaron en la Tierra por casualidad o si hay algo determinante en estas combinaciones concretas. Se trata de un campo de investigación muy activo. Si encontrásemos formas de vida extraterrestre que estuviesen compuestas de otros aminoácidos y otros disolventes, tendríamos una respuesta.

¿Por dónde deberíamos empezar a buscar? ¿Hay algún límite en cuanto al color de la luz estelar que necesitamos? Resultaría muy fácil decir que hemos de buscar soles amarillos. La Tierra tiene uno. Mas espero, después de este resumen de las diferentes categorías de la vida, que podamos prescindir de esa cosmovisión geocéntrica. ¿Y si el sol de un planeta es de otro color? Fijémonos en una estrella roja. La vegetación parece verde porque para generar energía refleja la luz que no utiliza. Si la luz cambiara de repente, la vegetación terrestre se vería en apuros; la verde albahaca que crece felizmente y desprende un agradable olor sobre la encimera de mi cocina probablemente enfermaría y moriría si la llevase a un planeta bañado en luz roja (que tiene menos energía que la amarilla). Pero eso es porque las plantas desarrollaron la fotosíntesis aquí en la Tierra, bajo la luz de un sol amarillo. Un proceso como la fotosíntesis, si se hubiese desarrollado en otro mundo, utilizaría el color de su estrella para producir energía. Las plantas son verdes bajo un sol amarillo, pero probablemente serían más oscuras bajo un sol rojo para poder atrapar toda la energía entrante. El resultado sería una vegetación de un negro gótico, pero la vida saldría adelante incluso bajo un sol rojo. Incluso en la Tierra, encontramos organismos capaces de utilizar la luz roja para absorber energía. ¿Por qué? Hay grupos de organismos que viven juntos en tapetes microbianos. Algunos de esos organismos están en la superficie y reciben la luz amarilla del sol, pero otros se encuentran en capas más profundas de esos tapetes, capas a las que la luz solar no consigue llegar; esos organismos evolucionaron para aprovechar con eficacia la luz sobrante, esto es, la luz roja. Y, como hemos visto, algunas formas de vida ni siquiera necesitan la luz solar. A esas formas de vida les importarían más bien poco los cambios de color y de condiciones lumínicas.

Imaginar cómo es la vida en otros planetas estimula en mi caso la creatividad y la fantasía, pero dudo que nuestra imaginación pueda abarcar siquiera una pequeña parte de las posibilidades existentes. Cuando veo las últimas imágenes de criaturas abisales, reconozco que no habría podido prever su sorprendente, misteriosa y extraña belleza. Si encontramos vida en otros lugares, su aspecto será una caja de sorpresas.

BUSCAR VIDA NO SIGNIFICA BUSCARNOS A NOSOTROS

El asombroso mosaico de colores de los manantiales sulfurosos del Parque Nacional de Yellowstone compensa el olor a huevos podridos que percibes cuando te acercas demasiado. La maravillosa gama de colores que embellece el paisaje lo convierte en un lugar único en la Tierra y atrae a millones de visitantes todos los años. Yo visité Yellowstone por primera vez en 2008, con motivo de una reunión del Instituto de Astrobiología de la NASA. Hacía solo unos años que me había doctorado, pero me enviaron allí para dar unas charlas en nombre del equipo porque todos los jefes tenían otros compromisos. Para mí fue todo un reto mostrar nuestras investigaciones a los directores de otros grupos, pero no podía dejar pasar la oportunidad de aprender de los mejores expertos en sus respectivos campos de investigación en un lugar tan prodigioso. Cuando visitas Yellowstone con un grupo de astrobiólogos que estudian la vida en condiciones extremas —que se da por todas partes en las lagunas del parque—, ves en cada rincón un ejemplo del peculiar, misterioso e increíble potencial de la vida. El borde anaranjado de un manantial de azufre hirviendo es más que bonito: cobra vida con las historias de los organismos que lo componen, de las personas que los descubrieron, de su crecimiento, de lo que pueden y no pueden hacer, y de la aventura de su recolección.

Llegué tarde por la noche. Había tomado uno de los vuelos más baratos, que me llevó hasta un aeropuerto cercano al parque. Mi vuelo aterrizó a las diez de la noche. Como venía de Boston, no había tenido en cuenta que al llegar a mi destino ya sería noche cerrada. Era una excelente oportunidad de observar el cielo nocturno, pero hacía difícil ver cualquier posible obstáculo en la carretera, como por ejemplo un uapití errante. No se me había ocurrido relacionar Yellowstone con los uapitíes hasta que recibí el correo electrónico de los organizadores en el que nos advertían de que era la época de apareamiento de esos cérvidos. Naturalmente, había alquilado el coche más barato y más pequeño que encontré, más pequeño incluso que uno de los uapitíes errantes.

Mi coche era el único que circulaba por la oscura carretera que conducía a Yellowstone. Avanzaba con cuidado para poder frenar a tiempo en caso de que un uapití se cruzase en mi camino. Ciertamente, no tenía la menor idea de qué hacer si a uno se le ocurría acercarse a mi diminuto coche. El correo de los organizadores aconsejaba a los visitantes que no se interpusieran entre un

CÓMO BUSCAR VIDA EN EL COSMOS

uapití y su pareja, ni siquiera estando dentro de un coche. El consejo no era demasiado útil si no sabías dónde estaban los uapitíes.

En el aeropuerto, el encargado de la empresa de alquiler de coches me preguntó a dónde me dirigía y entonces me sugirió un par de veces que contratase un seguro de accidentes. Pero yo lo rechacé: instrucciones de la compañía. Aquel lento viaje bajo la luz de miles de estrellas mientras escudriñaba la oscuridad en busca de formas en movimiento se me ha quedado grabado en la memoria como una de las aventuras inherentes a la ciencia: orientarme con la ayuda de las estrellas (y de Google Maps) y adentrarme en la naturaleza salvaje (de acuerdo, en realidad no era tan salvaje, estaba yendo hacia un albergue de Yellowstone).

Por fin, tras varias horas que se me hicieron eternas, llegué al albergue. Al recepcionista le hizo mucha gracia el tamaño de mi coche y la hora a la que llegaba.

No había visto ningún uapití en la carretera, pero al día siguiente me despertaron los inquietantes gritos de estos animales al amanecer. Los rituales de apareamiento de los uapitíes son un espectáculo impresionante, pero nada es comparable al panorama del Parque Nacional de Yellowstone, con sus manantiales de azufre hirviendo rodeados de hermosos colores cuyas tonalidades cambian del azul al verde, el rojo y el amarillo. La mayoría de esos colores —salvo el azul oscuro del centro— indican la presencia de diversos organismos que se desarrollan en un entorno que acabaría con casi todas las formas de vida.

La contemplación de esas vistosas exhibiciones me permitió comprobar la enormidad de la gama de colores de la vida. Imagina un planeta cubierto de manantiales de azufre donde los seres vivos crean un mundo con todos los colores del arcoíris. Fue entonces cuando me di cuenta de que los astrónomos necesitábamos un catálogo cromático de la vida —una base de datos de la variopinta biota de la vida en la Tierra, así como información sobre cómo refleja la luz de las estrellas— para compararlo con lo que nuestro telescopio encontraría en los exoplanetas, lo que ha

120 MUNDOS EXTRATERRESTRES

conducido a la gama de viales de biota de diferentes tonalidades en mi laboratorio. Nuestro hermoso gráfico comparativo no solo incluía plantas verdes.

En la Tierra, la mayor parte de esa biota se da en hermosos pero reducidos nichos. Sin embargo, en otros mundos, tales condiciones podrían ser normales y la vida podría desarrollarse —como sucedió en nuestro planeta— para adaptarse a esas condiciones. Es posible que esos imaginarios manantiales sulfurosos diesen lugar a formas de vida pluricelulares perfectamente aclimatadas a esos mundos.

Los extremófilos son los organismos capaces de vivir en condiciones extremas. Estas formas de vida suelen consistir en pequeños microorganismos que proliferan en ambientes extremos. Los extremófilos se han adaptado a condiciones en las que los seres humanos no podrían sobrevivir. Y las condiciones extremas son muy abundantes, incluso en la Tierra. Pero la cualidad de *extremo* depende del observador. Si los extremófilos hablaran, ¿qué dirían de los seres humanos? Probablemente se lamentarían de las terribles condiciones que tenemos que soportar: un frío espantoso en comparación con sus calientes fuentes sulfurosas, un agua que carece de esa deliciosa acidez, etcétera. «¿Quién es capaz de sobrevivir a eso?», pensarían. Aquello hacia lo que una forma de vida evoluciona es lo normal para ella.

Así pues, la palabra *hábitats* implica condiciones en las que tú y yo no podríamos sobrevivir. De hecho, descubrir que, durante casi toda la historia de este planeta, los seres humanos no habríamos podido sobrevivir en él resulta aleccionador. Si pudiéramos dar marcha atrás en el tiempo y empezar de nuevo, es poco probable que la Tierra volviera a crear seres humanos. Un planeta con diferentes condiciones iniciales y diferentes vías de evolución no está obligado a albergar formas de vida similares a las de la Tierra, y mucho menos en el caso de los peculiares seres humanos.

Tomemos otra de los millones de formas de vida terrestres, un invertebrado que nunca ha llamado la atención, y veamos cómo son sus condiciones de vida. Conozcamos a este pequeñísimo héroe (probablemente hayamos pisado alguno). El tardígrado parece sacado de una película de ciencia ficción, aunque solo mide una fracción de milímetro de largo. Habitualmente llamados osos u ositos de agua, los tardígrados (el nombre significa «que avanza lentamente», en referencia a los pausados movimientos de este microanimal) se pueden encontrar en casi todos los lugares en los que haya agua en estado líquido, desde altitudes de más de 6.000 metros en el Himalaya hasta abismos oceánicos de más de 4.500 metros de profundidad, desde los bosques tropicales hasta las aguas que hay bajo las capas de hielo. Los tardígrados tienen cuatro pares de patas terminadas en garras o en ventosas. Hace falta un microscopio para examinarlos.

Los tardígrados han sobrevivido a las cinco extinciones masivas que se han producido en la Tierra, la última de las cuales supuso la extinción de los dinosaurios. Viven unos dos años, pero sin contar el estado de letargo. A diferencia de nosotros, los osos de agua pueden sobrevivir aletargados durante siglos, para luego despertarse y seguir alegremente con su vida. Algunos tardígrados soportan temperaturas de -272 °C, muy cerca del cero absoluto, y de más de 150 °C. Les da igual que los cuezas o los congeles. Sobreviven a presiones más de mil veces superiores a las de la superficie terrestre, a radiaciones cientos de veces superiores a la dosis letal para una persona y al vacío del espacio exterior.

En 2016 di una charla sobre mis investigaciones en la conferencia anual de astronautas —el Congreso de la Asociación de Exploradores del Espacio—, celebrada ese año en Viena, y tuve el honor de conocer a personas que habían visto la Tierra desde el exterior, pero no en fotos, sino de primera mano. Varias de ellas me contaron que ver la infinita y casi desoladora oscuridad del espacio les hizo sentir una conexión completamente nueva con nuestro planeta. La atmósfera de la Tierra distorsiona la imagen de las estrellas y por eso parece que centellean. En cuanto te alejas de la protección de la Tierra, las estrellas dejan de titilar, brillan ininterrumpidamente, y tú te encuentras en el silencio absoluto del espacio, a solas, salvo por la presencia de ese punto azul pálido que es nuestro hogar.

En mi ponencia sobre la búsqueda de vida en esos nuevos mundos, probablemente juzgué mal a mi auditorio cuando dije que los tardígrados eran los astronautas perfectos, situando al diminuto oso de agua por encima de la increíble proeza colectiva llevada a cabo por los astronautas. Pero los verdaderos astronautas no me lo tuvieron en cuenta (al menos no durante mucho tiempo). Lo que quise decir era que los tardígrados no necesitaban equipo protector ni alimentos en el espacio, lo que facilitaba considerablemente los viajes espaciales. Podías meter a los tardígrados en una endeble astronave sin apoyo vital, enviarlos a Marte sin alimentarlos durante el trayecto, rociarlos con unas gotas de agua y asunto concluido. Intenta hacer eso con un astronauta. (Ya te imaginarás que no fue una sugerencia real). Por desgracia, no hay manera de comunicarse con un tardígrado; no puedes darle instrucciones ni enseñarle a conducir un vehículo marciano. Por tanto, los astronautas son mucho más eficientes que los tardígrados en el espacio, a menos que lo único que te importe sea ahorrar dinero en equipos de supervivencia.

Los tardígrados parecen seres de otro mundo y, en cierto modo, lo son. Su mundo es una gota de agua, un microcosmos que solo podemos explorar durante breves períodos de tiempo cuando los ponemos bajo el microscopio.

Los osos de agua no son en realidad extremófilos, pues no están adaptados para prosperar en situaciones extremas y aprovecharlas, sino solo para soportarlas. Pueden suspender su metabolismo y sobrevivir sin agua ni alimentos hasta cien años, en ocasiones incluso más. Lo descubrí durante una conferencia en París, pues me tocó sentarme al lado del director del Museo Nacional de Historia Natural, quien me habló apasionadamente sobre los tardígrados. Me contó que habían rociado con un poco de agua a un ejemplar de doscientos cincuenta años en estado de criptobiosis y

CÓMO BUSCAR VIDA EN EL COSMOS

que el animal se había despertado y puesto en movimiento. Eso es lo bueno de asistir a las conferencias: conoces a personas de las que aprendes muchas cosas, aparte de escuchar las ponencias sobre las últimas investigaciones. Pero como el equipo francés aún no ha publicado sus descubrimientos, esto se queda en una simple anécdota. Según lo que se ha publicado, los tardígrados pueden sobrevivir cien años en estado de criptobiosis. Se deshidratan antes de aletargarse. Este increíble mecanismo de supervivencia es la respuesta a un problema muy terrenal: sobrevivir a la escasez de agua. Cuando el agua se seca, lo mismo les pasa a los tardígrados. Entonces se encogen formando una bola, reducen su metabolismo al mínimo y continúan en una especie de estasis hasta que vuelven a encontrar agua, momento en el que continúan como si nada hubiera pasado. Esa cualidad resulta muy útil en el espacio exterior.

En 2007, un equipo de investigadores europeos decidió comprobar esa resiliencia. Pusieron a tres mil tardígrados en órbita alrededor de la Tierra durante doce días, adosados al *exterior* de un cohete. El proyecto se llamó Tardígrados en el Espacio, TARDIS para abreviar, un acrónimo que tiene un significado especial para los seguidores de la famosa serie británica de ciencia ficción *Doctor Who*. En *Doctor Who*, TARDIS son las siglas de Time and Relative Dimensions in Space («El tiempo y las dimensiones relativas en el espacio») y también el nombre de la máquina del tiempo del Señor del Tiempo, conocido como «el Doctor». El proyecto TARDIS fue todo un éxito: los tardígrados son los únicos animales que han podido sobrevivir en el espacio exterior (una persona sin escafandra tardaría unos noventa segundos en morir). El experimento TARDIS no fue la última vez que los tardígrados viajaron al espacio; algunos participaron sin saberlo en una misión, solo de ida, a la Luna. Hablaremos de ello un poco más adelante.

En busca de vida cerca de casa

Los lugares del sistema solar en los que la vida podría desarrollarse tal vez sean muy diferentes del hermoso paisaje verde que nos rodea.

Nuestros vecinos planetarios más cercanos son Venus y Marte. Venus tiene una espesa atmósfera de CO_2 y está envuelto en nubes de ácido sulfúrico, por lo que no es un buen candidato para la búsqueda de vida. Más lejos del Sol, vemos a Marte, que presenta un entorno mucho más esperanzador —aunque gélido—. Marte es más pequeño y tiene una gravedad tres veces menor que la de la Tierra. El planeta rojo tiene una atmósfera mucho más fina que la nuestra porque su atracción gravitacional es más débil.

Una atmósfera se compone de átomos y moléculas que se mueven más deprisa cuanto más alta sea la temperatura. La gravedad puede evitar que los gases se escapen al espacio —que alcancen la *velocidad de escape*— y se alejen del planeta o la luna correspondientes. La historia de la pérdida de gas está dibujada en el suelo de Marte, que es rojo porque el agua próxima a la superficie se ha evaporado. El agua se dividió en sus componentes, hidrógeno y oxígeno, y el primero, más ligero, escapó de la escasa gravedad del planeta y salió al espacio. El poco oxígeno que se produjo durante ese proceso tiñó de rojo la superficie o, dicho sencillamente, la superficie marciana se oxidó, pero ese proceso solo afectó a una capa de pocos milímetros de espesor. Al escarbar se ve la zona no tocada por el oxígeno y se puede comprobar que, en realidad, el suelo marciano es de color marrón claro.

Marte, al tener mucha menos atmósfera que la Tierra, no puede estabilizar la temperatura entre el día y la noche. Por lo tanto, a diferencia de nuestro planeta, donde los días y las noches tienen temperaturas similares, las temperaturas diurnas en Marte alcanzan unos agradables 20 °C, mientras que las mínimas nocturnas llegan a los -150 °C, como ya hemos señalado.

Las tormentas de arena pueden sepultar gran parte de la superficie marciana durante mucho tiempo. Y cada cinco años aproximadamente, el planeta entero se ve afectado por una tormenta de arena que puede durar semanas. Pero las tormentas marcianas son diferentes de las terrestres. En la fina atmósfera de Marte, un viento que alcance los ciento sesenta kilómetros por hora parecería en la Tierra una suave brisa.

Las tormentas marcianas no harían volcar las naves espaciales ni derrumbarían las estructuras que pudiéramos construir en el futuro. Pero con las tormentas ficticias se pueden inventar grandes historias. En una de las primeras escenas de la entretenida novela *El marciano*, de Andy Weir, una gigantesca tormenta de arena está a punto de volcar una nave espacial. Eso sería imposible. Andy Weir omitió a sabiendas ese detalle, pero esa escena es la que hace arrancar la interesante historia de supervivencia.

Hace unos cuatro mil millones de años, Marte fue a lo mejor un templado planeta azul cubierto de mares y ríos como los nuestros, y quizá tenía todos los ingredientes necesarios para la vida. Pero, a diferencia de la Tierra, Marte es tan pequeño que el calor interno no fue lo bastante elevado para mantener su núcleo derretido y en movimiento. Como hemos visto, cuando las entrañas de un planeta se solidifican, su superficie ya no se ve sometida a presión descendente, y eso es lo que le sucedió a Marte, donde la tectónica y el vulcanismo dejaron de proporcionar gases a la atmósfera hace unos tres mil quinientos millones de años. Sin ciclos climáticos, Marte se fue enfriando cada vez más. La débil luz de un joven Sol que llegaba a la órbita de ese planeta situado más allá de la Tierra ya no podía elevar la temperatura de su superficie por encima del punto de congelación. La atmósfera marciana se compone principalmente de CO_2, un eficaz gas de efecto invernadero, pero que no es muy abundante, y por eso en Marte ese efecto apenas se nota. Hoy el agua del planeta rojo está bloqueada, en forma de hielo y permafrost, en los polos. Tal vez quede agua líquida en el subsuelo, pero en la superficie ya no puede mantenerse. Hoy el planeta rojo es un desierto gélido, pero la presión su-

126 MUNDOS EXTRATERRESTRES

perficial es tan escasa que el agua líquida hierve en cuestión de segundos. Marte tampoco cuenta con un escudo protector contra la radiación como el campo magnético y la capa de ozono de nuestro punto azul pálido. Así pues, como los microbios son los que tienen más probabilidades de ocultarse bajo el suelo para evitar la radicación, las misiones a ese planeta intentan encontrar indicios de vida subterránea para descubrir si alguna vez hubo vida en él.

Marte nos ha enseñado una cosa importantísima: la habitabilidad de un planeta puede ser temporal.

Si seguimos alejándonos de la Tierra, más allá de la órbita de Marte, nos encontramos con la zona donde están situados los planetas gigantes, a los que solo llega un hilito de luz solar. Esa tenue luz no alcanza para sostener mares y ríos en la superficie, por lo que el agua que pueda haber en ellos tiene que estar oculta bajo gélidas capas de hielo. Dos pequeñas lunas rocosas y cubiertas de hielo son destinos especialmente interesantes para la búsqueda de vida. Cada una de ellas gira alrededor de un majestuoso planeta gigante. Si nos posáramos en la superficie helada de Europa, tendríamos un impresionante primer plano de Júpiter; desde Encélado disfrutaríamos de maravillosas vistas de Saturno, el hermoso gigante de los anillos luminosos. La corteza helada de estas lunas esconde océanos potencialmente habitables.

Los astrónomos se quedaron estupefactos al descubrir que esas lunas albergan océanos.

Ambas gélidas lunas son pequeñas. Europa es más o menos del tamaño de nuestra Luna, y Encélado es aún más diminuta, con solo unos 500 kilómetros de diámetro, que es más o menos la mitad del tamaño de la península ibérica. Grandes capas de hielo crujiente cubren las superficies de estas lunas, pero se observan grietas que no estarían ahí si estas lunas fuesen un pedazo de hielo macizo en su totalidad. Recordemos que el agua es menos densa cuando se congela y que por eso el hielo flota sobre las subsuperficies marinas. La gravedad, incansable arquitecta del cosmos, es la clave para resolver este misterio. Estas lunas no giran solas alrededor de sus respectivos planetas. Ambas lunas parecen haber sido estiradas y comprimidas por la gravedad, amasadas como un pan a causa de la atracción gravitacional de otras lunas y sus planetas. Esa energía impide que el agua que hay debajo de las gruesas capas de hielo se congele, del mismo modo que una masa se calienta cuando la heñimos con fuerza. Estas gruesas cortezas —gélidas y agrietadas— podrían albergar vida oculta en tenebrosos océanos.

Europa es una de las lunas más grandes de Júpiter. Podría contener más del doble de agua que todos los océanos de la Tierra. En Europa, la heladora temperatura media de la superficie nunca supera los -160 °C en el ecuador. El descubrimiento de esa luna por parte de Galileo Galilei en 1610 causó un gran revuelo porque el astrónomo italiano vio a través de su telescopio que las cuatro lunas galileanas —Ío, Europa, Ganímedes y Calisto— giran alrededor de Júpiter. Con un telescopio se pueden ver esos cuatro pequeños pero brillantes puntos de luz, como le sucedió a Galileo hace cientos de años. (Las lunas de Júpiter llevan los nombres de cuatro amantes del dios romano, por si alguien busca un motivo romántico para contemplar el firmamento el día de San Valentín).

El hecho de que las lunas galileanas no giran alrededor de la Tierra demostraba que esta no era el centro alrededor del cual se movían todos los cuerpos celestes, y eso ponía en entredicho la teoría geocéntrica aceptada. Las lunas de Júpiter ya han contribuido a reorganizar nuestra visión del universo mediante la revelación de que la Tierra no es su centro. ¿Pueden volver a reorganizarla con el descubrimiento de otro mundo habitable en nuestro sistema solar? Todavía no lo sabemos. Pero en 2023 partió la misión JUICE (acrónimo inglés de Jupiter Icy Moons Explorer) de la ESA, que llegará a Júpiter en 2031, seguida en 2024 por la misión Europa Clipper de la NASA, cuya llegada está prevista para el año 2030; la distinta duración de los vuelos se debe a las diferentes coreografías gravitacionales que ejecutan durante el trayecto.

128 MUNDOS EXTRATERRESTRES

Saturno y su luna Encélado están todavía más lejos del Sol, por lo que la temperatura media en la superficie de Encélado es de unos espeluznantes -200 °C. Sin embargo, también hay océanos líquidos bajo la gélida superficie de esta pequeña luna. La misión Cassini-Huygens (una misión conjunta NASA-ESA) compartió durante más de una década impresionantes vistas de Saturno y sus lunas heladas para sumergirse a continuación en sus anillos con la intención de analizarlos. Esta misión descubrió los océanos que hay bajo las capas de hielo de Encélado.

Esta diminuta luna arroja largos chorros de agua desde su superficie, creando un bellísimo espectáculo; un penacho de partículas de agua que se congelan y brillan en la escalofriante oscuridad del espacio. Esos fragmentos helados podrían indicarnos de qué están compuestos sus océanos.

La nave Cassini atravesó los penachos de Encélado y analizó su composición, obteniendo interesantes resultados: el agua contenía algunos elementos orgánicos, lo que apunta a que el océano de Encélado podría albergar vida. Pero los científicos no encuentran la forma de desentrañar los misterios profundos de esos géiseres... de momento. Las agencias espaciales de todo el mundo ya están estudiando la posibilidad de enviar una sonda repleta de instrumentos de medición para examinar los penachos de Encélado en busca de señales de vida.

Las lunas heladas de nuestro sistema solar tienen muchos misterios, algunos de los cuales están a punto de resolverse.

Un lugar para la vida tal como no la conocemos

Hay otro sitio en un nuestro sistema solar que está cubierto de ríos y mares, aunque no de agua.

Ese lugar es una luna envuelta en una neblina anaranjada. La temperatura de la superficie es demasiado baja para que el agua fluya. Aunque el agua se congele porque hace demasiado frío,

CÓMO BUSCAR VIDA EN EL COSMOS

otras sustancias químicas permanecen en estado líquido incluso a temperaturas extremadamente bajas. La luz solar que llega a Titán, una de las lunas de Saturno, es unas cien veces más débil que la que llega a la Tierra, lo que hace que su temperatura superficial ronde los -180 °C. Pero Titán está repleto de materia orgánica. El etano y el metano tallan canales fluviales y llenan grandes lagos y mares, dando forma a su superficie. Muy por debajo del suelo helado de Titán podría haber un océano de agua.

La distancia que separa a Saturno —y a Titán— del Sol es de casi 1.500 millones de kilómetros. Titán gira en rotación sincrónica con Saturno, mostrando siempre la misma cara a su planeta, como en el caso de la Luna y la Tierra. Una noche en Titán es un poco más corta que en la Luna: unos ocho días terrestres. Saturno tarda veintinueve años terrestres en dar una vuelta al Sol; eso es lo que dura un año en ese planeta (y en Titán). Yo aún estaría esperando a mi segunda fiesta de cumpleaños en Titán, pero la posibilidad de ver el brillo de Saturno en el cielo brumoso compensaría el hecho de perderse algunos cumpleaños.

La sonda Huygens ha sido el primer aparato de fabricación humana que ha aterrizado en un mundo situado en los confines del sistema solar. En 2005 atravesó directamente la densa y brumosa atmósfera hasta llegar a la superficie de Titán y fue grabando todo lo que veía y ofreciéndonos una nueva imagen de esta interesante luna.

Grandes partes de Titán están cubiertas de negruzcos hidrocarburos que parecen dunas hechas con posos de café. Los lagos de hidrocarburos llevan nombres de monstruos marinos; allí podríamos sumergirnos en el mar del Kraken. Los nombres de las montañas de Titán proceden de otra mitología, el mundo ficticio de la Tierra Media creada por J. R. R. Tolkien. Si estuvieras en Titán podrías ascender a los montes de Moria. Caminar sobre la superficie de esta luna debe de ser como moverse por el fondo del mar a unos quince metros de profundidad.

Titán es más grande que Encélado e incluso que el planeta

Mercurio, pero tiene solo la mitad de la masa de este último, creando así una atracción gravitacional muy débil, menor que la de nuestra Luna. Así pues, los futuros exploradores espaciales podrán dar saltos más grandes en Titán que los que dieron los astronautas en nuestro satélite. Pero el aire frío de Titán es bastante compacto, aproximadamente una vez y media más denso que el de la Tierra. Si te pusieras unas alas en los brazos, podrías volar sobre este planeta. No podrías respirar, pero sí elevarte a gran altura a -150 °C.

La NASA tiene en proyecto volar sobre la superficie de Titán con un autogiro provisto de ocho palas: la misión Dragonfly. Su lanzamiento está previsto para 2027 y debería de llegar al satélite en 2034. Como un dron, depositará instrumentos científicos en doce lugares distintos para explorar la superficie y buscar materia orgánica.

Esta brumosa luna es una interesante opción para la búsqueda de un mundo habitable, un mundo muy diferente del nuestro.

Las naves espaciales y los módulos de aterrizaje ya están explorando la superficie de Marte con vehículos y helicópteros cada vez más sofisticados que pueden analizar muestras del suelo en busca de fósiles y microbios. Esa exploración conlleva un diminuto pero considerable peligro: polizones trasladados inadvertidamente. Si encontramos vida en otro lugar del sistema solar, primero tendremos que preguntarnos si no la habremos llevado nosotros. Es increíblemente difícil desinfectar por completo una nave o un módulo espacial antes de lanzarlo al espacio, por lo que, si encontramos en Marte formas de vida que se parecen a las de la Tierra, ¿cómo vamos a saber si se trata de vida marciana o de algún parásito llevado por nosotros? No lo sabríamos a ciencia cierta, a menos que se tratara de una clase de vida completamente distinta, hasta el equivalente de una forma alternativa de ADN. Pero no son solo los polizones los que podrían asimilar la vida de los mundos vecinos al nuestro, pues todos los cuerpos presentes en nuestro sistema solar han compartido materiales desde los inicios. Cuando un asteroide choca contra un planeta o una luna, las rocas escapan a la gravedad de ese mundo y son enviadas al espacio. Contra Marte (más de cien) y contra la Tierra (más de mil) chocan todos los años pequeños meteoritos. Casi todos esos cuerpos caen al mar o sobre territorios deshabitados, de manera que por suerte —o por desgracia— las probabilidades de que una piedra procedente del espacio aterrice en nuestro jardín son más bien escasas.

¿Y si esas piedras llevaran sus propios polizones?

Los microbios presentes en meteoritos grandes, de al menos un metro de diámetro, podrían sobrevivir al viaje entre lunas y planetas. Los meteoritos parecen brillantes bolas de fuego cuando caen a la Tierra, pues el roce con la atmósfera los pone incandescentes, pero su centro podría permanecer lo bastante frío para que los microbios sobrevivieran en su interior. En teoría. Aunque ha habido cierto debate sobre posibles hallazgos que apuntan a la existencia de vida en Marte (recuérdese que Bill Clinton anunció en 1996 un hallazgo de ese tipo en un meteorito marciano), lo cierto es que aún no hemos descubierto ninguna forma de vida en el planeta rojo. La idea de que los microbios podrían viajar entre planetas (lo que se conoce como *panspermia*) estimula la imaginación. Si la vida puede viajar de incógnito en los meteoritos, entonces todos nosotros podríamos ser marcianos, gérmenes de vida venidos del planeta rojo para multiplicarnos en la Tierra. Esa idea resulta interesante, pero, si comparamos Marte con nuestro planeta basándonos en nuestra forma de entender lo que es un hábitat (energía y agua líquida sobre una superficie sólida), la Tierra sale victoriosa. Marte pudo tener aguas superficiales durante un período de tiempo muy breve en comparación con nuestro punto azul pálido.

Debido a ello, la Tierra es la apuesta más razonable para el inicio de la vida. De modo que probablemente no seamos marcianos, sino que quizá los marcianos, si alguna vez los encontramos,

132 MUNDOS EXTRATERRESTRES

sean en realidad antiguos terrícolas. De momento, si quieres considerarte marciano, no hay problema; nadie puede demostrar que te equivocas. Si encontráramos vida en Marte y viéramos que esta se desarrolló allí con independencia de la de la Tierra, entonces podríamos hablar de auténticos alienígenas. Pero, si esa vida se pareciera a la nuestra, tendríamos que hacernos muchas preguntas.

¿Hay vida en la Luna?

Hay otro cuerpo celeste en nuestro sistema solar que alberga vida: la Luna. La vida viajó cientos de miles de kilómetros para llegar allí. Una empresa privada israelí llevó a cabo un experimento con una sonda, Bereshit, que transportaba miles de tardígrados, los minúsculos héroes de los que hablábamos antes, a la Luna. Pero la misión y los miles de tardígrados se estrellaron. Los tardígrados formaban parte de un proyecto de la Arch Mission Foundation, cuya finalidad es «preservar el legado de la humanidad para las generaciones futuras». Otra pequeña biblioteca de prueba, un disco de cuarzo con la *Trilogía* de Isaac Asimov, ya había sido lanzada al espacio en 2018 en la guantera de un Tesla utilizado como carga útil simulada en la misión de demostración Falcon Heavy. Actualmente, el deportivo da una vuelta alrededor del Sol cada dieciocho meses, más o menos, a modo de satélite artificial.

Con el fin de distribuir más archivos de este tipo por el sistema solar, se incluyó otra cápsula del tiempo de la humanidad, del tamaño de un DVD, en el módulo de alunizaje del Bereshit. Esta cápsula del tiempo incluía treinta millones de páginas de información en imágenes de alta resolución a escala nanométrica, grabadas en níquel. Las primeras cuatro capas contenían casi toda la Wikipedia en inglés y miles de libros clásicos, así como la clave para descifrar las otras veintiuna capas. Y entre las veinticinco capas de níquel, cada una de las cuales medía solo unos micrómetros de espesor, había capas de resina epoxi, el equivalente sintético de la resina arbórea en la que se conservan los insectos antiguos; contenía muestras de ADN humano y miles de tardígrados deshidratados en estado de letargo. Los tardígrados fueron un secreto añadido al proyecto original.

Como hemos visto, en estado de letargo, los tardígrados pueden sobrevivir mucho tiempo: podemos hervirlos, congelarlos, desecarlos o enviarlos al espacio. Podrían haber sobrevivido incluso al alunizaje forzoso del Bereshit. En 2021, científicos del Reino Unido hicieron pruebas para comprobar si los tardígrados habrían sobrevivido a la colisión. Primero congelaron algunos ejemplares durante veinticuatro horas, reduciendo su metabolismo casi al 100 % y haciéndolos entrar en estado de letargo, que es como una animación suspendida. Luego los metieron en balas de nailon vacías y los dispararon contra una diana de arena a velocidades cada vez mayores. Los tardígrados resistieron impactos de hasta 3.000 kilómetros por hora. A velocidades superiores quedaban hechos papilla.

Las últimas mediciones recibidas mostraban que el módulo Bereshit viajaba a 500 kilómetros por hora, pero no se sabe si la colisión final se produjo a la misma velocidad. ¿Sobrevivieron los pasajeros terrestres? La única forma de averiguarlo es volviendo al mismo sitio donde tuvo lugar el accidente.

¿Debería estar permitido llenar la Luna de tardígrados? Las agencias espaciales cuentan con un conjunto de reglas elaboradas, entre otros, por la Planetary Protection Office de la NASA, para evitar la contaminación de aquellas zonas del sistema solar que pudieran albergar vida. Pero la Luna no entraba en la lista de esos hábitats posibles, por lo que no pudo acogerse a esa protección.

Curiosamente, la diseminación de tardígrados no fue el comienzo de la acumulación de materia orgánica en la Luna. Los astronautas dejaron unas cien bolsas de excrementos, además de cámaras, botas y otros objetos, para poder aligerar la carga en el viaje de vuelta, lo que significa que las personas del futuro o los visitantes extraterrestres podrán hacerse una idea de la dieta humana y de parte de nuestra historia analizando el contenido de esas bolsas de basura. Abandonando allí sus desechos, los astronautas pudieron traer más piedras lunares. Los científicos de la Tierra consiguieron más muestras para analizarlas, y cualquier arqueólogo extraterrestre tendrá muchos elementos que examinar en el futuro. Aunque este último se preguntará desconcertado cómo llegaron a la Luna esas bolsas y adónde fueron a parar los organismos que dejaron los residuos.

Si dentro de millones de años los extraterrestres encontrasen miles de tardígrados aletargados en la Luna, ¿pensarían que fueron ellos los que consiguieron alejarse de la atracción gravitacional de la Tierra? ¿Que los diminutos osos de agua eran investigadores que exploraban el sistema solar? Cuando miro a la Luna, me imagino a los tardígrados en estado de letargo, allí tumbados como si fuesen miles de bellas durmientes, detenidos en el tiempo hasta que, en vez de un beso, unas gotas de agua los devuelvan a la vida.

Bajo un cielo morado

Nuestro cielo es azul porque la composición química del aire dispersa la luz azul mejor que la roja. La luz rebota contra las moléculas y las partículas de aire como una bola en una máquina de *pinball*. La luz que contiene mucha energía —la parte más azul— rebota en más partículas y sale disparada en todas las direcciones. La luz menos intensa —la roja— rebota en menos partículas y se encuentra con menos obstáculos. Eso significa que a nuestros ojos llega más luz azul y, por eso, cuando miramos al cielo, esta parece proceder de todas partes. Excepto al atardecer. Cuando el Sol se pone en el horizonte, hay más aire entre nosotros y el Sol que cuando este se halla en el cenit. El efecto *pinball* de la dispersión sigue funcionando, y la luz azul se dispersa de tal manera entre el horizonte y el observador que en ese momento percibimos más luz roja. Por eso el cielo parece rojo al atardecer.

Pero el color del cielo también puede cambiar. Los grandes incendios forestales, como los que se produjeron en 2023 en Canadá y en 2020 en los alrededores de San Francisco, llegaron a modificar la composición de la atmósfera; en aquellos casos mediante la adición de polvo y partículas de hollín que dispersaron también la luz roja. Ese aumento hizo que el cielo adquiriese una tonalidad anaranjada, como en una apocalíptica película de ciencia ficción. Eso hace que nos preguntemos de qué color puede ser el cielo. Todo depende de la composición del aire y de si este contiene partículas en suspensión. El aire de otros planetas podría tener una estructura química muy diferente de la del nuestro, por lo que el efecto de dispersión de la luz también sería diferente. Elige un color para pintar un cielo extraterrestre. Imagina un cielo rosa o un atardecer morado. Ello sería posible en algunos de esos mundos nuevos. A mí me encantaría verlos, pero primero me aseguraría de encontrarme a salvo dentro de una nave espacial o unas instalaciones herméticas, pues un firmamento de esos extraños colores indica que al respirar me moriría. Así pues, tened cuidado, futuros astronautas, con los cielos teñidos de otros colores. Ciertamente, algunos cielos azules también podrían matarnos —al principio, la Tierra tenía un firmamento azul, pero carecía de oxígeno para respirar—, de modo que este consejo no es infalible.

Además, no todos los mundos tienen un cielo de color. Las fotos de la superficie lunar muestran siempre un cielo negro. La atracción gravitacional de la Luna es demasiado débil para retener suficiente gas. Sin atmósfera, la luz no se dispersa, por lo que el cielo parece negro.

En inglés hay una canción infantil sobre una estrellita que titila en el cielo de la noche, pero en realidad es el aire el que produce ese centelleo. Como hemos visto, las estrellas en realidad no titilan. Las corrientes de aire caliente y frío de la atmósfera distorsionan la imagen de una estrella antes de que podamos verla. Por tanto, si misteriosamente alguna vez te encuentras en la Luna o en cualquier otro mundo sin atmósfera, el cielo será negro y las estrellas no brillarán: los padres de los bebés nacidos en la Luna tendrán que adaptar sus canciones infantiles.

Encontrar vida en la lejanía del cosmos

La presencia de atmósfera en otro mundo podría ser un indicio de la existencia de vida.

La luz y la materia interaccionan entre sí; la luz de las estrellas puede hacer que las moléculas vibren y giren. Cada longitud de onda tiene una energía única, y, para que una molécula se mueva, la luz debe tener la cantidad exacta de energía, ni un poquito más ni un poquito menos.

Imaginemos dos moléculas diferentes, una de oxígeno y otra de agua: el O_2 se compone de dos átomos de oxígeno entrelazados, el H_2O consta de tres átomos: dos de hidrógeno y uno de oxígeno unidos entre sí. A causa de la forma en que los átomos se entrelazan, cada molécula tiene una estructura única. El impulso y la energía necesarios para hacer oscilar el oxígeno no son los mismos que se necesitan para hacer oscilar el agua.

La luz se topa con moléculas y átomos durante su trayecto por el cosmos y, cuando llega a nosotros, las partes que faltan de la luz revelan qué sustancias químicas se ha encontrado en su camino. Las partes ausentes —los científicos las denominan *líneas* o *bandas espectrales*— son como los visados de un pasaporte que te permiten saber en qué países ha estado una persona antes de llegar a su destino. Pero, a diferencia de los visados, la luz faltante proporciona indicios de la composición química del aire de los mundos que ha atravesado. Para descifrar esas pistas, los científicos miden qué energías específicas (es decir, qué colores) ponen las moléculas en movimiento o qué electrones se saltan los niveles energéticos en un átomo. Pero no es posible medirlo todo. Los científicos utilizan cálculos en vez de realizar experimentos cuando las temperaturas necesarias podrían derretir o congelar los instrumentos de laboratorio o cuando la mezcla de gases podría envenenar a los investigadores.

Cuando terminé mi doble titulación en Ingeniería y Astronomía, me contrataron para perfeccionar el diseño de un telescopio capaz de detectar vida en planetas situados a años luz de la Tierra. El telescopio espacial se llamaba Darwin y era uno de los candidatos seleccionados por la ESA, que aspiraba a contar con una flota de telescopios en busca de señales de vida en los exoplanetas (Estados Unidos contaba con uno similar, el Terrestrial Planet Finder). Darwin iba a hacer posible que los científicos analizasen por primera vez la atmósfera de exoplanetas semejantes a la Tierra.

Pero había un problema evidente: no se sabía el número de exoplanetas existentes ni el de estrellas que un telescopio tendría que examinar para encontrarlos. Así que nuestro equipo tuvo que guiarse por conjeturas. Si una de cada diez estrellas tuviera un planeta similar a la Tierra, y Darwin quisiera caracterizar tres de esos planetas, entonces el telescopio habría de analizar al menos treinta estrellas. Si una de cada cien estrellas tuviera un planeta semejante al nuestro, entonces Darwin tendría que examinar al menos trescientas estrellas. La misión Kepler de la NASA sería la encargada de enumerar cuántas *tierras* potenciales había ahí fuera, pero estábamos en 2001, y la misión Kepler tardaría aún ocho años en despegar. Calculamos que una de cada diez estrellas contaba con un planeta afín a la Tierra, por lo que diseñamos el telescopio Darwin con esas estimaciones *in mente*.

Pero había otro problema que me inquietaba. La Tierra actual era el modelo utilizado para construir una nave espacial que buscara vida. Pero la Tierra había cambiado desde sus primeros días, y la composición química de su atmósfera también, por lo que yo estaba segura de que su espectro, su huella luminosa, tampoco era el mismo. A la ciencia le faltaba una gran pieza del rompecabezas:

cómo había cambiado la huella luminosa de la Tierra a lo largo del tiempo. Sin ese dato, lo más probable es que ningún telescopio percibiese las señales de vida, a menos que el planeta en cuestión fuese una copia exacta de la Tierra actual.

Un colega me dijo en una ocasión que lo que experimentas en la vida determina tu forma de ver el mundo, la importancia que das a lo que debes hacer en el futuro y la manera de abordar los problemas. Intenté convencer a muchos científicos de la necesidad de crear un modelo de los espectros del planeta desde su formación hasta la actualidad (e incluso más allá). Pero esa era una tarea extremadamente compleja no solo porque había que dar respuesta a muchas preguntas interrelacionadas, sino también porque necesitábamos aportaciones de muchos campos de estudio: geología, biología, astronomía e ingeniería. Y la ciencia interdisciplinaria, que es la colaboración de científicos de distintas especialidades, estaba aún en pañales. Lejos han quedado los días en que los investigadores conocían toda la información científica de su época. Esa es una gran noticia porque significa que los seres humanos han descubierto muchas más cosas que las que una sola persona podría descubrir en toda su vida, y que todos los días se añade nueva información a nuestra base de datos de conocimientos. Pero también significa que ya no puedes hacerlo todo tú solo.

En la ciencia caminamos a hombros de gigantes: todas las personas que nos precedieron y que contribuyeron al conocimiento actual. Nos mostraron un atajo para llegar a ese conocimiento sin tener que leer todos los artículos ni repetir todos los experimentos para llegar a las mismas conclusiones. Pero toda esa información tiene también sus inconvenientes. Encontrar respuestas reuniendo a personas de distintas especialidades es una tarea difícil; no porque los científicos no quieran colaborar entre sí, sino porque cada campo de investigación se desarrolló de manera independiente y tiene diferentes objetivos. Incluso algo tan sencillo como el significado de las palabras varía de un campo a otro. Cuando un geólogo habla de grandes diferencias en la composición de la atmósfera, se refiere a una millonésima parte; cuando un astrónomo habla de grandes diferencias en la distancia entre las estrellas, se refiere a billones de kilómetros. Imagina una conversación entre ellos sin especificar el punto de referencia.

Para representar la huella lumínica de la Tierra a lo largo del tiempo, hay que conocer las respuestas a muchas preguntas. ¿Cómo ha evolucionado el Sol desde que la Tierra se formó? ¿Hasta qué punto ha variado la composición química de nuestro planeta? ¿Cuándo aparecieron los continentes? ¿Cuándo y cómo la vida modificó el aire y la superficie del planeta? A un científico le llevaría toda una vida responder a cada una de esas preguntas. Y cuando tuviera todas las respuestas —muchas de las cuales siguen siendo objeto de debate—, necesitaría desarrollar un programa informático que pudiera producir la huella lumínica de un planeta lejano reuniendo toda la información obtenida.

Ese era un problema crucial, pero nadie lo abordaba. No obstante, todo eso cambió en 2001 cuando conocí por casualidad a un científico durante un congreso. Yo estaba hablando sobre la importancia de crear los espectros de nuestro planeta a lo largo de su evolución para que no pasáramos por alto señales de vida al observar un astro que se encontrara en una fase de evolución distinta de la nuestra. No todas las estrellas tienen la misma edad, aduje, por lo que lo mismo debía aplicarse a sus planetas. El astrónomo estadounidense Wesley Traub, que entonces trabajaba en el Harvard-Smithsonian Center for Astrophysics de Boston, me dijo: «Si de verdad crees que vale la pena, tendrás que hacerlo tú misma». Para cambiar la cosmovisión de las personas, tienes que mostrarles la importancia de lo que todavía no ven.

A veces me parece una gran suerte no haber tenido ni idea de lo difícil que me iba a resultar obtener todas las respuestas que necesitaba; de haberlo sabido, probablemente ni siquiera lo habría intentado.

Para generar el código informático que pudiera explorar el entorno de un planeta, debía ponerme en contacto con muchos científicos de distintas facultades y conocer su visión del mundo, así que me puse manos a la obra. A muchos de ellos les sorprendió el aluvión de preguntas que les hacía aquella astrónoma que deambulaba por allí. Yo debía relacionar las ideas de personas que tenían distinta formación, distintas opiniones y distintos conocimientos para abordar los complejos problemas inherentes a la búsqueda de vida en el cosmos.

Tardé tres años en crear el modelo que generó la primera huella lumínica de la evolución de la Tierra a lo largo del tiempo. Entretanto, me di cuenta de lo poco que sabíamos sobre la evolución de nuestro planeta en lo tocante a cómo, cuándo y dónde comenzó la vida; la evolución de la Tierra y su importancia decisiva a la hora de encontrar mundos como el nuestro me ha fascinado desde entonces. Gracias al registro fósil, podemos deducir cómo era la Tierra en sus inicios, si bien la incertidumbre aumenta a medida que retrocedemos en el tiempo. Valiéndonos de esa información para determinar cómo era al principio la Tierra, creé un modelo informático que generó esas huellas lumínicas: la atmósfera prebiótica de una joven Tierra, con grandes cantidades de CO_2 que la envolvían como una manta para calentar su superficie, crea una huella lumínica diferente de la producida por la atmósfera existente cuando los dinosaurios vagaban por el mundo respirando oxígeno. Esas huellas lumínicas se modificaron considerablemente a medida que nuestro planeta maduraba y la vida iba dejando su impronta en el aire y la superficie.

Los resultados de mis años de investigación fueron sorprendentes. Durante casi la mitad de la historia de la Tierra —unos dos mil millones de años—, nuestra atmósfera mostraba reveladoras señales de vida en su huella lumínica: oxígeno junto con un gas reductor como el metano (los gases reductores son compuestos que reaccionan con el oxígeno atmosférico). La identificación de elementos indispensables para la vida no significa que esta esté presente. En un mundo muy caliente en el que la radiación descompone el agua en sus dos ingredientes, oxígeno e hidrógeno, las grandes cantidades del primero podrían despistar a un explorador optimista. Debemos prestar atención a la interpretación de lo que vemos, sobre todo cuando esperamos encontrar signos de vida. Por eso a los científicos se les enseña desde muy pronto a matar despiadadamente sus expectativas. Al modelizar detenidamente con nuestros telescopios el aspecto que tendrían una amplia gama de mundos similares a la Tierra, con o sin vida, podemos determinar qué señales son fiables y cuáles deberían preocuparnos. De este modo podemos señalar a los candidatos problemáticos antes de empezar a celebrarlo. Y eso nos permite identificar las condiciones que solo la vida puede explicar. De momento, nuestra mejor opción es una atmósfera con una combinación de oxígeno y metano en un planeta que se encuentre en la zona de habitabilidad de su estrella. Por eso los astrónomos dirigen sus telescopios a esa zona templada.

Las señales de vida en la Tierra son como un vaso medio lleno o medio vacío. Podría haber descubierto que la vida en la Tierra solo es detectable desde hace unos pocos cientos de miles de años, y eso habría dificultado considerablemente nuestra búsqueda de vida en otros planetas, por lo que es mejor dejarlo en dos mil millones de años. Pero también podría haber descubierto que la huella lumínica de la Tierra ha dejado señales de vida desde que esta dejó un registro fósil hace unos tres mil quinientos millones de años. Eso habría facilitado mucho la búsqueda, porque las señales de vida se habrían detectado antes. Pero el hecho de que la huella lumínica de la Tierra haya mostrado signos de vida durante dos mil millones de años ya nos proporciona un gran espacio de tiempo para encontrarla en otro mundo. Los científicos, conscientes de que una Tierra más joven mostraría menos indicios de oxígeno, saben cuánto tiempo deben apuntar sus telescopios a los planetas jóvenes para captar pequeños vestigios de vida.

Mis resultados también me habrían hecho dudar sobre si un astrónomo extraterrestre ya habría podido detectar vida en la Tierra, ya que nuestra huella lumínica deja vislumbrar una prós-

142 MUNDOS EXTRATERRESTRES

pera biosfera desde hace dos mil millones de años; pero seguiremos hablando de ello más adelante.

Nuestro sistema solar alberga una gran cantidad de lunas y planetas, lo que me hizo sentir curiosidad por saber cómo eran sus huellas lumínicas. La pálida huella lumínica de Marte, por ejemplo, difiere de la de Venus o la de Júpiter. Pero ¿en qué se diferencian? Para responder a esa pregunta, mi equipo creó un catálogo de huellas lumínicas —algo así como la base de datos de huellas dactilares que utiliza la policía para comparar las huellas encontradas en el lugar donde se ha cometido un delito— de las lunas y los planetas más diversos de nuestro sistema solar: el majestuoso Júpiter, la gélida Europa, el anillado Saturno, el bermejo Marte, el infernal Venus y nuestra hermosa Luna, entre otros. La Solar System Spectra Database contiene las huellas lumínicas de diecinueve cuerpos celestes de nuestro sistema solar y nos sirve como criterio de comparación para la búsqueda de otros cuerpos en el cosmos. Encontrar otra Tierra sería sobrecogedor, pero encontrar otro Marte también sería interesantísimo. Y ¿qué decir de un superencélado o un minisaturno? La Solar System Spectra Database nos permite comparar mundos lejanos con esos vecinos por los que pueden pasearse nuestros módulos de aterrizaje y exploración. Pero hasta ahora los exoplanetas que ya hemos descubierto no son copias de los planetas de nuestro sistema solar. Para interpretar lo que estamos descubriendo, debemos ampliar los límites y localizar planetas distintos de los de nuestro sistema solar, planetas que surjan de una combinación de cadenas alfanuméricas.

La pantalla de mi ordenador muestra mi austero código de programación, que va generando letras y números blancos sobre un fondo negro. El programa, compuesto por miles de líneas seguidas, nos revela que la energía que incide sobre la atmósfera de un mundo que gira alrededor de otra estrella la modifica. Las temperaturas suben o bajan, las reacciones químicas destruyen o producen gases, el calor es absorbido o liberado: un mundo nuevo aparece delante de mis ojos. Tecleando un poco puedo acercar el planeta a la estrella, modificar el color de su sol, aumentar la gravedad, crear dunas de arena, océanos o selvas a escala planetaria, y añadir o eliminar formas de vida. Con nuestros telescopios estoy creando mundos posibles y las huellas lumínicas necesarias para buscarlos.

La vida puede cambiar un planeta. Pero, aunque un observador extraterrestre hubiera encontrado signos de vida, una combinación de oxígeno y metano, en la atmósfera terrestre durante dos mil millones de años —quitando las esperanzas a aquellas personas que quieren mantener en secreto la vida sobre la Tierra—, ese científico no tendría forma de saber qué clase de vida había en nuestro planeta.

Ese es otro elemento fascinante de la búsqueda: si encontramos signos de vida, no sabremos qué tipo de vida habremos encontrado. Podría tratarse de cualquier cosa —microbios, plantas, animales, etcétera— que utilice oxígeno; no hay manera de saberlo. Una vez que hallemos signos de vida, empezará nuestra siguiente aventura: averiguar qué forma de vida estamos observando.

Mundos biofluorescentes y alienígenas que resplandecen

Si hay vida en la superficie de un planeta que gira en la órbita de un sol rojo, esa vida debe de estar sometida a condiciones extremas. Algunos soles rojos de pequeño tamaño lanzan llamaradas contra sus planetas, estallidos de radiación ultravioleta de alta energía, especialmente cuando esas estrellas son jóvenes. La radiación ultravioleta de alta energía puede destruir las células y el material genético, y, por consiguiente, sirve para esterilizar el instrumental médico; la última vez que fui al dentista me fijé en que esterilizaban sus instrumentos de esa manera.

Cuando empecé a imaginar y simular hábitats bajo un sol rojo, sentí auténtica curiosidad por saber cómo se protege de la radiación ultravioleta la vida que hay sobre la Tierra. Aquí, las distintas formas de vida utilizan diferentes estrategias: algunas remedian el daño; otras se protegen de la radiación ocultándose bajo el suelo o dentro del agua; otras generan mecanismos de defensa, como los pigmentos. Nosotros nos embadurnamos de crema solar. Recordemos que hoy en día no llega al suelo demasiada radiación ultravioleta. Por eso los seres humanos no tuvimos que desarrollar formas de evitarla.

Antes de que la Gran Oxidación cambiase el aire de la Tierra y generase la capa de ozono que protege su superficie, la vida se desarrollaba en los océanos, donde se refugiaba. El agua absorbe la radiación ultravioleta y sirve de protección. Pero, curiosamente, incluso en el mar algunas formas de vida perfeccionaron una hermosa y eficaz manera de combatir la radiación ultravioleta: el brillo.

Este brillo se debe a la biofluorescencia y es distinto de la bioluminiscencia, que se produce cuando un organismo emite luz a causa de las reacciones químicas que tienen lugar en su cuerpo con fines específicos. Pensemos en un jardín lleno de luciérnagas que usan la bioluminiscencia para comunicarse entre sí. Si vives en la costa de Puerto Rico, Jamaica, Vietnam, Japón o las Maldivas, sabrás que el mar emite en ocasiones destellos de un color azul verdoso. El agua está repleta de dinoflagelados, unos organismos microscópicos unicelulares provistos de colas que han hecho brillar las costas del planeta durante más de mil millones de años.

La biofluorescencia es una cosa distinta. Es lo que hace que algunas formas de vida brillen bajo la luz de una lámpara de Wood, que emite luz ultravioleta. La próxima vez que te sumerjas en el mar llévate una lámpara de luz negra: verás el brillo de algunos de los peces y corales a los que enfoques. La biofluorescencia permite a los organismos absorber ondas de luz de alta energía y luego devolverlas con brillantes tonalidades fluorescentes de color azul, verde, rosa, naranja y rojo. Una sorprendente cantidad

CÓMO BUSCAR VIDA EN EL COSMOS

de especies brilla bajo la luz ultravioleta: hongos, plantas e incluso animales. Una amplia variedad de peces, caballitos de mar, salamandras, ranas, frailecillos, escorpiones, zarigüeyas y búhos despiden destellos. Los tritones vientre de fuego resplandecen con un color naranja encendido, los ornitorrincos reflejan un color verde morado, los tejones australianos parecen de color azul neón y las ardillas voladoras muestran un hermoso color rosa. Los científicos todavía no saben a ciencia cierta por qué algunas formas de vida brillan bajo la radiación ultravioleta. Las teorías van desde su uso como medio de comunicación hasta la protección de organismos simbióticos mediante la descomposición de los rayos ultravioletas en inocua luz visible.

Es posible ver corales biofluorescentes en numerosos acuarios. En 2020, después de una conferencia que di en San Francisco sobre la búsqueda de vida en el universo, en la Academia de Ciencias de California, convencí a uno de los comisarios del museo para que me llevase al acuario después de cerrar. (Como científica, conozco a muchas personas interesantes, como los comisarios que tienen las tarjetas para visitar museos cuando estos están cerrados). Todas las luces estaban apagadas. En la oscuridad aterciopelada, solo podía distinguir un leve resplandor. Allí sola, delante de una enorme ventana de cristal, alcancé a ver aquel impresionante mundo subacuático, cuyo fulgor me dejó patidifusa.

Imagina un mundo lejano dando vueltas alrededor de un sol rojo que arroja violentos destellos ultravioletas. Cuando la radiación llegara al planeta, los océanos se iluminarían con un suave resplandor de colores a medida que la vida descompusiera la poderosa energía, protegiéndose de ella y ofreciendo, al hacerlo, un magnífico espectáculo. De pie en la oscuridad, imaginé cómo sería semejante despliegue evolutivo.

MILES DE NUEVOS MUNDOS DESCUBIERTOS

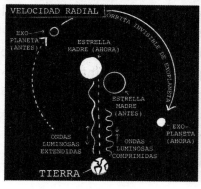

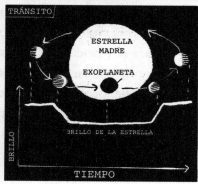

CAPÍTULO
5

Mundos que estremecieron la ciencia

> Dos caminos se bifurcaban en un bosque y yo..., yo tomé el menos transitado, y eso lo ha cambiado todo.
>
> ROBERT FROST

UN CAMINO TORTUOSO

Desde que comencé mi carrera profesional, siempre me ha fascinado la cuestión de si sería posible encontrar vida en otros planetas y cuál sería mi contribución a esa apasionante búsqueda. Pero el camino que conduce a los descubrimientos científicos no está libre de obstáculos, sobre todo para las mujeres. A veces son tan grandes que bloquean el camino por completo y te obligan a maniobrar para encontrar otra forma de perseguir tu sueño. (Recuerdo numerosos casos en los que me pusieron a prueba o me ningunearon, experiencias por las que habrán pasado muchas personas, con independencia de su sexo, y que tal vez sirvan de ayuda a los principiantes a la hora de superar esos escollos).

«Esto es de locos», dijo indignada Sarah, una de mis alumnas de doctorado, tras irrumpir en mi despacho. Estaba enfadada

148

MUNDOS EXTRATERRESTRES

porque había oído decir a dos hombres en el autobús que me habían dado el puesto de directora de uno de los competitivos equipos de investigación Emmy Noether, en el prestigioso Instituto Max Planck de Astronomía, solo «porque era una mujer». Me habían concedido una de las muy solicitadas becas mientras trabajaba en la Universidad de Harvard, y por eso decidí volver a Europa. Se podría pensar que comentarios de ese tipo hay que tomárselos a broma, pero el caso es que tienen mucha importancia. Esas críticas se dirigen incluso a mujeres que han recibido el Premio Nobel, que es el máximo honor en cualquier campo de investigación.

Probablemente, a esos hombres tampoco les pasó desapercibido que el programa, financiado por la Fundación Alemana de Investigación con cerca de medio millón de euros, lleva el nombre de la famosa matemática alemana Emmy Noether. Unos meses antes, uno de mis colegas varones había comentado en una de las primeras reuniones de café en mi nuevo lugar de trabajo que me habían concedido la «beca para mujeres». No obstante, aunque lleve el nombre de una mujer, la beca Emmy Noether solo se les concede a unos pocos «jóvenes excepcionalmente cualificados» —tanto hombres como mujeres—, procedentes de cualquier disciplina científica, tras un riguroso proceso de selección basado en el mérito y la creatividad. Si tu solicitud supera la primera y ardua selección, los miembros de un comité científico te bombardean a preguntas sobre las dificultades prácticas o los pequeños defectos que vean en el proyecto de investigación durante una hora. La tarea del comité consiste en asegurarse de que la sustanciosa ayuda económica del programa esté bien invertida. ¿Qué le dije a aquel colega durante el café? Inocentemente, le pregunté en voz alta si en Alemania todas las distinciones que llevan el nombre de científicos varones son solo para hombres. Aquello hizo sonreír al resto de los científicos presentes.

Aquel incidente me hizo darme cuenta de que mis sentimientos eran muy confusos en aquellos momentos. Estaba orgu-

MUNDOS QUE ESTREMECIERON LA CIENCIA

llosa y agradecida por el apoyo de Sarah, y triste por el hecho de que mis colegas dijesen tales cosas sobre una de las pocas científicas veteranas del instituto en un autobús público para que todo el mundo lo oyera, pero me di cuenta de que ya no me sorprendían semejantes comentarios. En realidad, ya me había resignado un poco cuando me afectaban a mí, pero el empeño de Sarah en defenderme me hizo concebir esperanzas: a ella nunca se le había pasado por la cabeza que la gente no se indignase al oír esas cosas. Sarah, una científica extraordinaria por derecho propio y ahora catedrática de Astronomía, había sido mi alumna de doctorado en Harvard y había venido a visitarme para que pudiésemos terminar un proyecto juntas. Ella forma parte de una generación que me hace concebir esperanzas de que las cosas mejoren, de que estamos creando un ámbito en el que la ciencia es de todos.

Recuerdo muchos incidentes anteriores en los que el papel de las mujeres en la ciencia, el mío incluido, fue puesto en entredicho. En una entrevista de trabajo para un puesto de responsabilidad, una de las primeras preguntas que me hicieron fue si tenía hijos, lo cual al parecer era más importante que mi experiencia o mi enfoque del empleo, que el comité aún tenía que debatir. Respondí que sí. Era un secreto a voces. Siguiente pregunta: «¿Está usted casada?». Una vez aclarado que era madre, les entró una repentina curiosidad por el caso. No sabía muy bien cuál era el propósito de aquel interrogatorio. Si no estaba casada, que lo estoy, ¿buscaría mi inquisidor detalles sobre la identidad del padre de mi hija? A este juego se puede jugar de dos maneras, y yo opté por el sentido del humor: «¿Que si estoy casada? Sí —respondí—, con mi ordenador portátil». ¿A qué comité de contratación no le encanta un adicto al trabajo? Otro miembro del jurado se apresuró a intervenir antes de que su preocupado colega me preguntara si estaba embarazada o planeaba estarlo en el futuro.

En ocasiones como esa, me aferro a un proverbio alemán que me enseñó un amigo mayor que yo: «No te enfades, solo pregúnta-

150 **MUNDOS EXTRATERRESTRES**

te por qué» (*Nicht ärgern, nur wundern*). Aunque pueda parecer contraproducente, esta costumbre me hace fijarme en las motivaciones de otras personas, en cómo han adoptado su visión del mundo. Cambiar de perspectiva me sirve para no frustrarme demasiado, al menos durante algún tiempo. Aunque no son muchos los científicos que siguen anclados en la Edad de Piedra en lo que se refiere a la mitad femenina de la población, algunos de los que persisten en esa actitud tienen poder suficiente para truncar la trayectoria de ciertas personas en entornos competitivos. ¿Cuántas ideas y descubrimientos brillantes se habrán perdido porque mujeres jóvenes e inteligentes han tenido que utilizar casi toda su energía en intentar que las dejen siquiera investigar?

Con este libro pretendo transmitir lo difícil que resultará la búsqueda de vida extraterrestre, tanto que tal vez ni siquiera la reconozcamos cuando nos esté mirando a la cara. Lo mejor para la humanidad en esta épica búsqueda es la colaboración del mayor número posible de pensadores. Necesitamos personas de todas las procedencias, de todas las culturas, con la esperanza de que, aunando nuestras diferentes perspectivas, podamos ampliar el ámbito de nuestro pensamiento y de nuestra experiencia para alcanzar el objetivo al que aspiramos.

Así pues, es necesario intervenir para garantizar la justicia y la igualdad de oportunidades, con el fin de que la búsqueda de planetas y de extraterrestres, así como el desarrollo de la ciencia en general, sea para todos una zona de prosperidad. A veces basta con decir lo que pensamos y proclamar que no estamos de acuerdo. El silencio hace que quienes hablan piensen que todo el mundo coincide con ellos, incluso cuando la mayoría de la gente esté en desacuerdo. Esa mayoría cree que no le corresponde a ella dar su opinión, pero no es así. Si queremos romper este círculo vicioso, no debemos quedarnos callados.

En realidad, yo conseguí evitar a la mayor parte de esos maldicientes por pura casualidad, lo que tal vez explique por qué una chica de un pueblecito austríaco está ahora buscando vida en

MUNDOS QUE ESTREMECIERON LA CIENCIA

el cosmos con los mejores equipos internacionales. Cuando hice una prueba en el instituto con el fin de averiguar los estudios para los que estaba más capacitada, el examinador me sugirió que no escogiera ciencias naturales porque esa disciplina no era adecuada para las mujeres. (No es de extrañar que no se mencione a muchas mujeres por sus hallazgos científicos, pues ni siquiera podían iniciar esos estudios, por no hablar del mérito de los descubrimientos si conseguían superar ese primer obstáculo). Mis padres, indignados, consiguieron torpedear los consejos del examinador. Es importantísimo contar con alguien que te recuerde que puedes estudiar lo que te apetezca. En mi caso, fueron mis padres quienes me lo recordaron cuando era joven, y luego mis amigos y colegas se encargaron de animarme a que siguiera adelante con mis investigaciones. A quienquiera que se esté esforzando por encontrar su lugar en el mundo le sugiero que busque a una persona que le ofrezca esa clase de estímulos y que se aferre a sus consejos.

En la universidad en la que estudié había menos personas de la Edad de Piedra de las que me había imaginado, pero más de las que me hubiera gustado encontrarme. Entre los profesores había discrepancia de opiniones respecto a si las mujeres eran aptas para la ingeniería, la física y la astronomía, pero solo uno, un viejo catedrático de Ingeniería, llegaba hasta el punto de ningunear a las dos alumnas que había en su asignatura, saludando solo a los alumnos al comienzo de cada clase y haciendo bromas sobre las mujeres. (En la primera clase que dio dijo que la física no podía ser una amante ocasional; solo podía ser la esposa legítima, aunque, claro está, eso no significaba que no estuviese bien tener queridas en la vida real). Supuse que se trataba simplemente de una reliquia del pasado, y estaba segura de que su especie se extinguiría pronto, a ser posible antes de que yo hiciera el examen final. Aquello no era más que optimismo juvenil, pero me ayudó a sobrellevar el curso. Y los numerosos profesores que no compartían las anticuadas opiniones de aquel catedrático me infundieron esperanza. A algunos hasta les hacía gracia tener a una alumna en clase, lo que significaba que yo siempre debía estar alerta porque era la única estudiante cuyo nombre recordaban desde el principio, lo que suponía un bombardeo de preguntas.

En mi primer trabajo después de la universidad, mi jefe me enseñó una cosa muy importante, una cosa que me ayudó a gestionar mi vida laboral. La Agencia Espacial Europea me acababa de seleccionar para trabajar en el proyecto de la misión espacial Darwin, cuyo objetivo era la búsqueda de vida en el cosmos. Con veintitrés años, yo era con diferencia el miembro más joven del equipo y la única mujer de aquel departamento. Pero mis colegas de diferentes países me trataban como a una igual. La primera semana tuvimos una reunión con una gran empresa de ingeniería. Mi jefe, el sueco Anders Karlsson, había preparado una charla en la que utilizaría unas cincuenta diapositivas, pero, cuando estábamos a punto de entrar en la sala de reuniones, se dio cuenta de que se le había olvidado hacer copias de las diapositivas para todos los participantes. Yo me ofrecí a hacerlas mientras él organizaba la reunión. Aún recuerdo cómo se dio la vuelta y me miró para asegurarse de que seguía prestando atención: «Lisa, si vas a copiar las diapositivas, serás para siempre la secretaria y nada de lo que emprendas en adelante les hará considerarte una ingeniera de verdad». Entramos en la sala y Anders les dijo a todos que había olvidado hacer copias de las diapositivas y que las haría en ese mismo instante, por lo que comenzaríamos con diez minutos de retraso. Mientras estaba sentada en mi silla entre mis colegas varones, caí en la cuenta de que Anders acababa de dejar claro a todo el mundo cuál era mi papel en el equipo. El no aceptar mi ofrecimiento de copiar las diapositivas parecía un pequeño detalle, pero en realidad tuvo una enorme trascendencia. Y me enseñó a prestar atención y a intervenir cuando fuese necesario, pues al parecer los pequeños gestos pueden tener una gran repercusión.

A veces me preguntan qué consejo profesional me daría a mí misma cuando era joven. Me diría lo siguiente: «Desarrolla el oído

MUNDOS QUE ESTREMECIERON LA CIENCIA

selectivo lo antes posible. Busca un grupo de personas de cuyos consejos te puedas fiar. Y procura hacer caso omiso de aquellas que no se han ganado tu respeto». Prefiero no recordar a los ridículos hombres del autobús y sí a los valientes y afables jóvenes científicos de mi departamento que me hicieron ver que, en la ciencia, la presencia de las mujeres es un progreso. Queda todavía mucho camino que recorrer; en ocasiones fue difícil para mí, y eso que yo formaba parte de la cultura mayoritaria en el opulento entorno de la Europa occidental y contaba con el apoyo de mi familia y con el acceso a una educación gratuita. Sé cuánto más cuesta arriba ha sido el camino para otras personas que no tenían esas ventajas. Pero la situación está mejorando. La especie de los científicos antediluvianos se está extinguiendo, y cada vez hay más mujeres en puestos de responsabilidad que demuestran que la ciencia y el conocimiento deberían estar al alcance de todos, incluso de aquellas personas que no se ajustan a los estereotipos. Afortunadamente, muchos de mis colegas también forman parte de ese proceso; no solo ignoran los chistes supuestamente graciosos sobre queridas, sino que se ocupan también de que en los congresos los ponentes no sean únicamente hombres, lo cual puede ocurrir con mucha facilidad cuando quien busca conferenciantes solo piensa en cuál de los amigotes con los que se tomó una cerveza el otro día sería ideal para dar una charla. Y luego está la nueva generación, formada por científicos que ya están acostumbrados a colaborar con distintos equipos y que son conscientes de que, si se tienen en cuenta diversas opiniones y criterios, los problemas se resuelven antes.

Cada vez que me encuentro con un científico que me pone a prueba no por mi trabajo, sino por ser mujer, me acuerdo de otro utilísimo consejo que una vez me dio un colega veterano: «Plantéatelo así: si alguien intenta hacerte caer, eso significa que has hecho cosas dignas de mérito». Es cierto, al igual que nuestros compañeros, las científicas hemos hecho muchas cosas dignas de mérito, entre las que podemos incluir el intento de penetrar el misterio de la presencia de vida en el universo.

El planeta que pudo no existir

Las tonalidades azules de gigantescas tormentas entrelazadas con ríos de aire de color gris claro cubren la mayor parte de la superficie visible del planeta. Un sol de justicia hace que los vientos, al calentarse, alcancen velocidades muy superiores a las de cualquier tornado en la Tierra.

El denso gas se expande a causa del calor abrasador y la intensa luz lo barre del planeta. Ni siquiera la gravedad del gigantesco astro puede competir con la velocidad de las moléculas calientes que se precipitan hacia la paralizante oscuridad del espacio.

El fuerte viento estelar que azota el planeta arranca el gas de las recalentadas capas exteriores. El éxodo planetario crea un extraordinario espectáculo de luces: el astro deja tras de sí una estela luminosa, semejante a la de un cometa. Los tornados se enfurecen en una batalla perdida contra el infierno estelar. Y el planeta se pierde poco a poco, desapareciendo en la profunda oscuridad del espacio.

El descubrimiento de nuevos mundos fuera del sistema solar comenzó con un misterio: un temblor casi imperceptible. En 1995 dos astrónomos suizos, Michel Mayor y Didier Queloz, a los que ya hemos mencionado, detectaron una extraña señal procedente de la estrella 51 Pegasi. Esta estrella, muy parecida a nuestro Sol y situada a unos cincuenta años luz de la Tierra, describía un vaivén inesperado durante su viaje estelar. Y las estrellas no se tambalean porque sí.

El majestuoso Júpiter, el planeta más grande de nuestro sistema solar, contiene la mayor parte de la materia sobrante de la creación de nuestro Sol y nos dio las primeras pistas de lo que le sucedió a 51 Pegasi. Júpiter, una enorme bola de gas que se arremolina en torno a un núcleo rocoso cuyo tamaño es doce veces el de la Tierra, hace que nuestro Sol se tambalee solo un poquito. Este colosal gigante gaseoso, el quinto planeta desde el Sol, bas-

MUNDOS QUE ESTREMECIERON LA CIENCIA

tante más alejado que Marte, es digno de contemplación: sorprendentes patrones de tormentas lo cubren por completo. Monstruosos sistemas meteorológicos agitan y retuercen los gases formando diseños que recuerdan a *La noche estrellada* de Van Gogh.

Si Júpiter fuese una caja vacía, los demás planetas cabrían dentro de él y aún sobraría sitio. La Tierra es enana en comparación con Júpiter; harían falta setenta planetas como el nuestro para hacer un cinturón que rodease el ecuador de Júpiter (una buena idea para una fiesta de disfraces). Fortísimos vientos de más de 600 kilómetros por hora crean algunas de las tormentas más grandes del sistema solar. Una de ellas, la *gran mancha roja*, la llevamos observando desde hace más de un siglo, y es lo bastante grande para engullir toda la Tierra. La Voyager 1 —la sonda que lleva a bordo el disco de oro— envió en 1979 las primeras imágenes detalladas de esa gigantesca tormenta.

Pero, comparado con el Sol, Júpiter es un peso ligero. Si Júpiter fuese una cucharada de agua, el Sol sería una jarra de quince litros. Si tuviéramos una balanza cósmica, habríamos de poner unas mil cucharadas de agua en un platillo (un montón de júpiteres) para contrapesar el Sol en el otro. En esta comparación, la Tierra sería del tamaño de una gota de agua. Para equilibrar el Sol en esta balanza cósmica, habría que poner unas trescientas mil gotas de agua (una enorme cantidad de tierras) en el otro platillo. Todos los planetas del sistema solar juntos solo llegarían a inclinar la balanza de manera casi imperceptible. Así de grande es el Sol. El disco que rodea una estrella en ciernes solo contiene una minúscula parte de la materia que origina la estrella en su centro, y ese disco forma todos sus planetas.

Harían falta unas cien tierras para igualar el diámetro del Sol. Para imaginárnoslo, pongamos sobre el suelo cien granos de pimienta en hilera. (Consejo: conviene que los granos no sean del mismo color que el suelo. En mi primer intento, tuve la mala idea de utilizar granos negros sobre un suelo oscuro). La fila de cien granos de pimienta muestra el descomunal tamaño del Sol en comparación con nuestro punto azul pálido. Harían falta más de un millón de tierras para rellenar el interior del Sol (el volumen es directamente proporcional al radio elevado al cubo).

Por eso es tan difícil encontrar un exoplaneta en la inmensidad del cosmos. Si quisiéramos hallar un planeta en la órbita de otra estrella, ¿qué clase de planeta sería más fácil de localizar? Los astrónomos se fijaron en nuestro sistema solar y eligieron como prototipo para buscar en otros sitios el planeta más grande y masivo: Júpiter.

La gravedad del Sol pierde parte de su fuerza con la distancia, y por eso Júpiter no tiene que desplazarse tan deprisa como la Tierra para contrarrestar su atracción gravitacional. El equilibrio entre gravedad y velocidad determina el tiempo que tarda un planeta en completar una vuelta alrededor de su estrella. Mientras que la Tierra tarda un año, Júpiter se toma unos pausados once años terrestres en dar una vuelta en torno al Sol. Sabiendo que les resultaría más fácil encontrar planetas masivos como Júpiter que minúsculas tierras, los científicos emprendieron una búsqueda que duró diez años.

Al igual que otros planetas gigantes de nuestro sistema solar, Júpiter está compuesto principalmente de gas y hielo porque se formó tan lejos del incandescente Sol que el hielo y el gas no se evaporaron, dejando tras de sí ingentes cantidades de material de construcción planetaria, como ya hemos visto. Sobre Júpiter incide un solo fotón por cada veinticinco fotones que inciden sobre la Tierra.

Los planetas se diferencian de las estrellas no solo por el tamaño. Los primeros no tienen reactores de fusión nuclear en su centro, por lo que no producen energía y no brillan. Al igual que nuestra Luna, se limitan a reflejar la luz que reciben. Eso los convierte en objetos diminutos y tenues, increíblemente difíciles de detectar junto a la enorme estrella que los ilumina. Visto desde el espacio, el Sol es mil millones de veces más brillante que la Tierra. Considerémoslo de esta manera: mil millones de segundos son aproximadamente treinta y un años y medio. Si comparamos las cantidades en términos de tiempo y no de brillo, tendríamos que esperar más de treinta y un años y medio de luz estelar para obtener del planeta un segundo de luz. La luz de su estrella anfitriona se come la de una Tierra.

Pero los cazadores de planetas saben cómo encontrar su presa. Cuando miramos el cielo por la noche, vemos miles de estrellas en movimiento. La mayoría de las veces, lo que nos parece el progreso de las estrellas es en realidad el resultado de la rotación de la Tierra sobre su eje en su movimiento de traslación alrededor del Sol. Pero, en ocasiones, hay un desplazamiento adicional e inesperado, un indicio de que hemos detectado algo verdaderamente espectacular. Porque incluso los planetas ligeros tiran —solo un poquito— de sus pesadas anfitrionas. Tanto la estrella como su planeta contrarrestan la atracción gravitacional del otro añadiendo un pequeño extra a sus movimientos. La estrella, al ser mucho más grande, se tambalea solo un poquito cuando un compañero planetario tira de ella. Pero ese casi imperceptible vaivén es importantísimo. Es lo que permitió a los astrónomos descubrir los primeros mundos nuevos en nuestro vecindario cósmico.

Un paseo por la ciencia

Imaginemos a alguien paseando a su perro por el parque. Si el animal y su dueño no se ponen de acuerdo sobre la dirección que quieren tomar, el perro tirará, mientras que la persona se inclinará hacia atrás para mantener el equilibrio. Supongamos que la correa es la fuerza de gravedad que los une. Cuanto más grande sea el perro, con más empeño tendrá que tirar el dueño para decidir el rumbo. Si observáramos este paseo desde otro lugar del parque, con algunos arbustos de por medio, no necesitaríamos ver al perro para saber que el dueño está siendo arrastrado en una dirección concreta por una fuerza determinada. De manera similar, los astrónomos ven que una estrella se mueve cuando un planeta tira de ella. Ahora imaginemos que el perro empieza a correr en círculos alrededor de su amo. Este se balancearía hacia delante y hacia atrás tratando de mantenerse derecho. Este movimiento es el que permitió a los astrónomos detectar los primeros exoplanetas que se ocultaban de las miradas curiosas.

Cuando miras las estrellas por la noche, no ves su vaivén. La atracción gravitacional de un planeta es increíblemente difícil de medir. Pero hay un truco para averiguar si una estrella se tambalea. Los patrones de su luz constituyen un preciso instrumento de medición. Todos los objetos brillan en una amplia gama de colores, pues emiten una radiación con la conocida forma de una curva de cuerpo negro. La luz es más brillante en un color muy específico —ese color depende de la temperatura del objeto— y se va atenuando rápidamente por los lados. ¿Te has preguntado alguna vez cómo saben los científicos a qué temperatura está la superficie del Sol? ¿A unos casi inimaginables 5.500 °C? Ningún termómetro puede medir la temperatura de su superficie, y si hubiera alguno que pudiese hacerlo, a nosotros nos resultaría imposible colocarlo en el astro rey porque cualquier cosa que enviásemos hacia él se derretiría. Así pues, necesitamos otra forma de medir la temperatura de objetos tan calientes como las estrellas. La curva de cuerpo negro resuelve el problema. El color de un objeto radiante les indica a los científicos a cuántos grados está, por lo que la luz estelar hace las veces de termómetro cósmico. Por ejemplo, sabemos que la superficie de las estrellas rojas está menos caliente que la de las amarillas, a las que pertenece nuestro Sol.

Pero no toda la energía de una estrella se escapa. Las estrellas tienen en su superficie unas delgadas capas de gas abrasador cuya composición química podemos conocer gracias a su luz. Más exactamente, conocemos su composición química a partir de la luz que falta. Esa delgada capa superficial retiene parte de la energía que sale porque la luz y la materia interaccionan, como ya hemos visto.

MUNDOS QUE ESTREMECIERON LA CIENCIA

Cada elemento tiene una estructura diferente: su propia nota distintiva en la grandiosa composición cósmica. Los electrones que hay dentro de un átomo de un elemento ocupan solo determinados niveles de energía; imaginemos un estadio deportivo en el que podemos desplazarnos de la fila 1 a la fila 2 o de la fila 1 a la fila 4, pero no a la fila 2,5. Los electrones pueden saltar entre diferentes niveles de energía si la luz incide sobre ellos con la energía exacta. Pero solo algunos colores de la luz muy específicos tienen la energía exacta para hacer que un electrón dé el salto a un nivel diferente. Así pues, los electrones de diferentes átomos absorben colores de la luz específicos. Esta interacción crea determinados modelos; algo así como un código de barras único para cada elemento. Estos modelos nos indican con qué sustancias químicas se ha encontrado la luz en su camino. Y ese código de barras nos permite conocer con precisión el más mínimo movimiento de una estrella.

Podemos identificar los patrones de diferentes sustancias químicas en la luz estelar, pero el código de barras no está siempre donde se supone que debería estar. Unas veces el código de barras se desplaza hacia colores más rojos; otras hacia un color más azul y de longitud de onda más corta (el color rojo tiene una longitud de onda más larga que el azul). Y, en ocasiones, cuando miramos durante el tiempo suficiente la misma estrella, el código de barras muestra un extraño comportamiento: se enrojece (aparece en longitudes de onda más rojas), luego vuelve adonde se supone que debería estar, luego se vuelve azul (aparece en longitudes de onda más azules), luego regresa adonde se supone que debería estar, luego se enrojece de nuevo, y así sucesivamente. Al comparar el cambio de posición del código de barras con las mediciones realizadas en el laboratorio, comprobamos que el objeto que estamos observando se mueve hacia delante y hacia atrás, es decir, se tambalea. Y entonces la pregunta es la siguiente: ¿qué es lo que hace que una estrella se tambalee?

Cuando encuentras el patrón correcto en el color (o longitud de onda) equivocado, ves el efecto Doppler en acción. Seguro que has notado antes el efecto Doppler: cuando una ambulancia se aleja de nosotros o se nos acerca, el sonido de la sirena cambia. O, como saben los aficionados a la Fórmula 1, cuando un coche de carreras pasa a toda velocidad por delante de las gradas donde están, el sonido del motor varía. Eso sucede porque estamos inmóviles mientras el vehículo se mueve. Las ondas de presión presentes en el aire se amontonan cuando la ambulancia se acerca a nosotros y luego se dispersan cuando se aleja. Pero el efecto Doppler no se limita al sonido; también modula la amplia gama de longitudes de onda electromagnéticas, que incluye, entre otros fenómenos, la luz que vemos y la radiación térmica infrarroja que sentimos. El físico austríaco Christian Doppler se dio cuenta de que la frecuencia (o el color) observada depende de la velocidad relativa de la fuente y del observador; Doppler publicó sus descubrimientos en 1842. Además de ese efecto, también llevan su nombre unas sabrosas trufas elaboradas con champán y vainilla en su Salzburgo natal: otro tipo de homenaje intemporal.

Cuando una estrella se aleja de nosotros, el patrón del código de barras se enrojece, lo que significa que damos con el patrón correcto en longitudes de onda más rojas —más largas— que en el laboratorio. La comprensión de este concepto dio lugar a una larga serie de progresos. Por ejemplo, así es como el astrónomo estadounidense Edwin Hubble averiguó en 1929 que el universo se expandía: el código de barras se desplazaba. Pero ¿en qué dirección? ¿Tienen las galaxias códigos de barras más rojos o más azules de lo que deberían ser? La mayoría de las galaxias del cosmos, aparte de las galaxias cercanas a las que acompañamos, presentan códigos de barras enrojecidos. Por término medio las galaxias se alejan de nosotros, lo que no deja de ser una suerte, porque eso significa que no están a punto de estrellarse contra la Tierra. La evolución de los códigos de barras hacia colores cada vez más rojizos a medida que las galaxias se alejan nos muestra el universo en expansión.

Pero ¿qué significa que la luz estelar se vuelva roja y luego azul? Desplazamiento hacia el rojo: la estrella se aleja de nosotros. Desplazamiento hacia el azul: la estrella se está acercando. Un patrón rojo-azul-rojo-azul significa que la estrella se alejó, luego se acercó, luego volvió a alejarse, y así sucesivamente. Esta oscilación indica que hay algo que tira de ella, como en el caso del perro que tiraba de su dueño mientras daba vueltas alrededor de él en el parque. El tambaleo de la estrella depende del tamaño del planeta que tira de ella. Los planetas gigantes con una gran capacidad de arrastre suelen ser los más fáciles de descubrir para los astrónomos.

En una sinfonía cósmica, la luz cuenta la historia de lejanas estrellas, galaxias y planetas, así como la de su temperatura, composición y movimientos, con cada color o longitud de onda. Cuando investigamos la diversidad de longitudes de onda, el espectro, no estamos solo observando fenómenos, sino que también escuchamos el melodioso relato del cosmos, hermosamente escrito en el lenguaje de la luz.

En la introducción de este capítulo describí el primer exoplaneta que se descubrió. 51 Pegasi b tira con fuerza de su estrella, 51 Pegasi. El nombre de la estrella es el apellido del planeta y la letra que lo sigue es su nombre propio. Pero 51 Pegasi b no se encontraba donde se suponía. Los astrónomos habían establecido su posición tras décadas de búsqueda, pero observaron que 51 Pegasi b se desplazaba a una velocidad sorprendente. Este enorme planeta de aspecto parecido a Júpiter orbita muy cerca de su abrasadora estrella. No llega a tocarla, pero entre 51 Pegasi y su planeta solo cabrían cuatro estrellas. A modo de comparación, podríamos meter cuarenta soles entre Mercurio y el Sol, y cien soles entre la Tierra y el Sol, lo que significa que 51 Pegasi b está diez veces más cerca de su estrella de lo que Mercurio lo está de nuestro Sol.

En la vida y en la ciencia, tomamos lo que conocemos y actuamos en consecuencia. Pero la vida y la naturaleza a menudo nos sorprenden. Mayor y Queloz sabían que su instrumento solo podía detectar planetas masivos como Júpiter, un planeta que crea

162 MUNDOS EXTRATERRESTRES

una marca de oscilación (el cambio alternativo de rojo a azul, y viceversa) durante un período de once años. Los astrónomos pueden identificar un planeta cuando han observado un poco más de la mitad del movimiento de traslación alrededor de su estrella, mas para eso seguían haciendo falta varios años de búsqueda si lo que se pretendía era identificar otro Júpiter. Pero tardaron solo cuatro días y medio en localizar una estrella basculante. Incluso Mercurio, el planeta más próximo al Sol, tarda unos tres meses en completar el movimiento de traslación. Aquel nuevo mundo era mucho más rápido. Una vuelta alrededor de su sol duraba solo cuatro días y medio terrestres. Desde el lunes por la mañana hasta el viernes por la tarde: eso es lo que duraba un año en 51 Pegasi b. La cercanía a su sol hacía que el planeta estuviera demasiado caliente para contener agua líquida. De hecho, hace tanto calor que la atmósfera hierve. Parte de la capa exterior del planeta se está desprendiendo y sale lanzada hacia la fría oscuridad del espacio, creando una resplandeciente estela de gas que se convierte en hielo en el gélido vacío.

51 Pegasi b, un abrasador planeta gigante tan próximo a su sol que este le va arrancando parte de la capa exterior; no se parecía a nada de lo que los astrónomos hubieran podido sospechar. Imagina por un momento que fueras uno de los astrónomos que descubrieron esa señal. Al igual que ellos, habrías pensado que era ilógico que un planeta tan grande estuviera situado allí porque los planetas gigantes no pueden formarse tan cerca de sus estrellas. Pero la señal se repetía con regularidad cada cuatro días y medio.

Sombras en la oscuridad: planetas gaseosos y algodón de azúcar

Nuestro sistema solar era lo único que conocíamos cuando empezamos a buscar exoplanetas, por lo que dimos por sentado que nuestro sistema planetario era el modelo habitual y que cualquier

MUNDOS QUE ESTREMECIERON LA CIENCIA

otro sistema se parecería al nuestro. Tal vez un poco más grande o más pequeño, tal vez con unos cuantos planetas más o con unos cuantos menos, pero, en general, esperábamos encontrar copias de nuestro propio sistema. Ese es un buen punto de partida cuando se trata de lo único que conoces. Pero eso no era lo único que nos deparaba el cosmos.

El descubrimiento de 51 Pegasi b fue apasionante, pero planteaba un problema insólito: su comportamiento no tenía ni pies ni cabeza. En nuestro sistema solar no había indicio alguno de que los planetas gigantes gaseosos pudieran sobrevivir tan cerca de una estrella. Un planeta que diese una vuelta alrededor de su estrella en menos de una semana tendría que desplazarse a la increíble velocidad de 500.000 kilómetros por hora. Es decir, unas diez veces más deprisa que Júpiter. La velocidad de ese planeta supera con creces la de cualquier *jet* de combate, pues viaja nada menos que setenta veces más deprisa que ese tipo de aviones. La Tierra gira alrededor del Sol a unos 100.000 kilómetros por hora, lo que equivale a ir a paso de tortuga en comparación con 51 Pegasi b.

¿Procedía realmente de un planeta aquella señal? ¿Se estaría comportando aquella estrella de una manera nueva y misteriosa? A lo mejor solo parecía estar tambaleándose. Las numerosas hipótesis crearon un animado debate. ¿Había algo de verdad en aquella señal? Y, si lo había, ¿era un caso único en el cosmos? ¿Acaso el problema era que el telescopio no funcionaba bien?

El descubrimiento de 51 Pegasi b dio lugar a una cascada de nuevas preguntas. Equipos científicos de todo el mundo dirigieron sus telescopios a esa y otras estrellas, y lo que descubrieron fue una cantidad todavía mayor de estrellas basculantes rodeadas de planetas abrasadores que tardaban solo unos días en completar el movimiento de traslación. Pero la cuestión de por qué se tambaleaban esas estrellas seguía siendo un misterio, pues los astrónomos sostenían que era imposible que los planetas gigantes gaseosos se formasen tan cerca de las estrellas. ¿Significaba eso que 51 Pegasi b era un gigantesco mundo rocoso? Pero ¿de dónde salía tanta piedra para construir una roca gigante tan cerca de una estrella? Los astrónomos, cuando se fijaron en otras estrellas y en los discos que las rodeaban, donde nuevos planetas estaban en plena formación, no vieron rocas suficientes para construir un planeta rocoso gigante. Por lo tanto, 51 Pegasi b tenía que ser un planeta gaseoso como Júpiter. Pero, en ese caso, ¿cómo pudo acercarse tanto a su estrella?

Aunque la señal de 51 Pegasi b se repitiera como un reloj, fue necesaria una avalancha de pruebas para cambiar nuestra visión del mundo. El descubrimiento de 51 Pegasi b —y de muchos cientos de exoplanetas desde entonces— nos demostró que la configuración de nuestro sistema solar es solo una posibilidad entre miles. Nuestra cosmovisión se tambaleó porque habíamos dado por hecho que nuestro sistema solar constituía la norma. Nuestro Júpiter es atraído suave y constantemente por el Sol, pero nada lo impulsa a dejar su sitio y a acercarse a su estrella madre..., a diferencia de lo que le ocurre a 51 Pegasi b. Hubo de producirse el descubrimiento de decenas de exoplanetas para que los científicos se convencieran de que esas señales eran reales y de que ellos no sabían prácticamente nada sobre el proceso de formación de los sistemas planetarios.

¿Qué parte de la formación de los mundos se les había escapado a los científicos? Si los júpiteres calientes no pueden formarse donde se encuentran, entonces tienen que haberse desplazado posteriormente. Al parecer, algunos planetas vagan sin rumbo fijo. ¿Cómo es eso posible? La atracción gravitacional de la estrella no varía, por lo que, si un planeta empezase a vagar sin rumbo, chocaría contra su estrella o sería arrojado a la oscuridad del espacio. Pero 51 Pegasi b nos demostró que no todos los planetas errantes están perdidos. Algunos planetas dejan de vagar cerca de su estrella, pero sin acercarse demasiado a ella para evitar una colisión; lo que hacen es crear una trayectoria estable y orbitar alrededor de su anfitriona con discreta continuidad hasta que la

MUNDOS QUE ESTREMECIERON LA CIENCIA

estrella se expande y lo cambia todo de nuevo. Pero seguiremos hablando de esto más adelante.

Si esos planetas fuesen reales y se hubiesen formado más lejos de su estrella de lo que están ahora, entonces tendrían que ser capaces de trasladarse después de su formación. Los planetas nacen dentro de un disco de materia en colisión. La gravedad del disco puede tirar de un mundo recién formado y modificar la velocidad a la que se desplaza. Pero el disco vive solo unos cientos de millones de años, que no es mucho en comparación con los miles de millones de años que dura el brillo de una estrella normal. En ese breve período de tiempo, el disco puede alejar al planeta de su punto de partida, como una pieza en un tablero de ajedrez redondo.

Si un planeta reduce su velocidad, la gravedad de su estrella tira de él. Si se acelera, puede alejarse de su anfitriona. Así es como los planetas pueden acabar en un lugar completamente distinto de aquel en el que se formaron: lo que hacen es emigrar. Pero los planetas gigantes que surcan un nuevo sistema planetario causarían estragos entre los otros planetas. Si un planeta masivo como Júpiter pusiese rumbo a su estrella, desviaría de su trayectoria a los planetas pequeños —como la Tierra—. Los planetas desplazados podrían ser catapultados fuera del sistema solar y convertirse en vagabundos solitarios en la oscuridad del espacio o ser lanzados directamente contra la estrella para terminar sus días en una apoteosis de fuegos artificiales.

Una vez que la estrella inicia la fusión en su núcleo —cuando comienza a transformar el hidrógeno en helio—, un fuerte viento estelar arrastra el disco y los planetas se asientan. La excepción se da si un planeta choca con otro, pero esas colisiones se producen muy al principio, cuando los planetas y las rocas siguen trayectorias similares alrededor de una estrella. Al catalogar miles de planetas girando en órbita alrededor de otras estrellas, podemos ver algunas instantáneas de esa evolución. El conocimiento es como una vasta red que nos conecta a todo lo que nos rodea. Esa red se expande cuando encontramos algo inesperado —como 51 Pegasi b— y lo añadimos a la estructura del conocimiento.

Hoy en día conocemos más de cinco mil exoplanetas en nuestro vecindario cósmico, lo que equivale a descubrir un exoplaneta cada dos días desde aquel primer hallazgo en 1995. Y las señales de otros diez mil candidatos están siendo examinadas por astrónomos de todo el mundo para asegurarse de que se trata de señales de auténticos planetas y no de errores de medición. Basándonos en la experiencia, ocho de cada diez candidatos resultan ser auténticos planetas, por lo que, si los incluimos en el recuento, hemos encontrado al menos un nuevo mundo cada día desde que Mayor y Queloz descubrieron la misteriosa señal de 51 Pegasi b.

En ciencia, el progreso puede dar vueltas y giros. Lo que era imposible ayer se convierte hoy en realidad y modifica lo que tal vez nos encontremos mañana. El descubrimiento de Mayor y Queloz fue uno de esos progresos de la ciencia, y por ello les concedieron el Premio Nobel. Un día, los astrónomos hacían conjeturas sobre si había otros mundos girando alrededor de lejanas estrellas, y al día siguiente nos enteramos de que sí los había. Esos más de cinco mil nuevos mundos confirmados son solo los que se encuentran en nuestro patio cósmico, porque, cuanto más cerca está una estrella, más fácil resulta averiguar si va acompañada de planetas. Esos nuevos mundos son los primeros destinos en nuestro mapa de futuras exploraciones del cosmos.

El abrasador 51 Pegasi b no es siquiera el mundo más cercano o más cálido de los que se han descubierto, y mucho menos el más misterioso. Consideremos otro exoplaneta, el WASP-12 b, que fue descubierto en 2008 por el equipo de observación de movimientos planetarios SuperWASP (por las siglas inglesas de Wide Angle Search for Planets [búsqueda de planetas de gran campo], una búsqueda llevada a cabo con un conjunto de pequeños telescopios robóticos). El exoplaneta tarda un poco más de un día terrestre en girar alrededor de su estrella, que lo atrae cada vez más hacia ella. Dentro de tres millones de años, el WASP-12 b chocárá contra la superficie de su estrella y se consumirá. Y el abrasador planeta K2-137, descubierto en 2017 por el equipo Kepler, tarda solo 4,3 horas en completar el movimiento de traslación, por lo que durante un día terrestre K2-137 da cinco vueltas enteras a su estrella, lo que significa que cinco años suyos equivalen a veinticuatro horas en la Tierra.

En comparación con los exoplanetas más cálidos, el planeta más caliente de nuestro sistema solar es templado. El achicharrante calor de la superficie de Venus, unos 480 °C, es relativamente llevadero si lo comparamos con los 4.500 °C de la rusiente atmósfera de KELT-9, situado a unos setecientos años luz de la Tierra. KELT-9 fue descubierto en 2016 por el equipo KELT (Kilodegree Extremely Little Telescope) y sigue siendo uno de los exoplanetas más cálidos que se hayan descubierto hasta el momento. Estos primeros descubrimientos podrían hacernos pensar que lo único que hay en el espacio exterior son mundos enormes y ardientes, y que la agradable temperatura de la Tierra es lo verdaderamente extraordinario.

En ciencia, es necesario saber qué es lo que se puede y lo que no se puede encontrar, para luego compararlo con lo que ya hemos encontrado. Si tenemos en cuenta que los planetas pequeños son mucho más difíciles de descubrir que los grandes, los hallazgos realizados hasta ahora sugieren una visión distinta. Los abrasadores nuevos mundos hacen pensar en una increíble diversidad de exoplanetas aún desconocidos, pero en realidad muestran solo una parte del número de planetas existentes, la parte que los astrónomos pueden encontrar.

Cada pocos días, los astrónomos siguen descubriendo estrellas que se tambalean ligeramente. ¿Qué hace falta para convencer a los científicos de que ese vaivén se debe en realidad a un planeta que tira de su estrella? Ese planeta hay que encontrarlo de otra manera. Hace falta una confirmación independiente.

Si utilizamos dos métodos independientes y llegamos a la misma conclusión, habremos confirmado el resultado. En el año

2000, dos equipos, uno dirigido por el astrónomo canadiense David Charbonneau y el otro por el estadounidense Gregory W. Henry, descubrieron algo que modificó el debate sobre si esos planetas eran reales. El exoplaneta HD 209458 b se encuentra a unos ciento sesenta años luz de la Tierra, en la constelación de Pegaso. Su estrella se tambalea, y su luz se atenúa ligerísimamente justo cuando la medición del tambaleo indica que el planeta está en nuestra línea de visión mientras transita por delante del disco de la estrella. Cuando entramos en un bar en busca de nuestros amigos, la manera más fácil de encontrarlos a pesar del deslumbramiento inicial consiste en proteger nuestros ojos de las cegadoras luces del techo. Tenemos que colocar la mano justo entre los ojos y la luz para poder evitar el resplandor desde nuestro punto de vista. Nos cubrimos los ojos para poder ver mejor lo que hay en el local. Si separamos la mano de la cara, las luces del techo siguen siendo tan molestas como antes.

Un planeta que se mueve entre nosotros y su estrella oculta parte de la luz que esta despide durante un espacio de tiempo que va desde unos minutos hasta unas horas. Con este método, en vez de buscar el tambaleo de una estrella, los astrónomos buscan un cambio de brillo: ¿parece que la estrella brilla ahora un poco menos que antes? ¿Se repite sistemáticamente esa disminución del resplandor? Basándose en el decremento de la luminosidad, los astrónomos pueden calcular el tamaño del objeto que tapa una parte de la superficie brillante.

El planeta HD 209458 b fue uno de los doce primeros que se detectaron girando alrededor de una estrella tambaleante. Y, puesto que estos ardientes júpiteres están tan cerca de sus estrellas correspondientes, hay muchas probabilidades —un 10 %— de que nos oculten parte de sus estrellas anfitrionas en su movimiento de traslación. No todos los planetas tapan la luz estelar, pues para ello tienen que estar en línea visual con la Tierra. Así pues, por cada diez estrellas que albergan un gigante cálido, nueve brillarán de manera uniforme, pero una se oscurecerá periódicamen-

MUNDOS QUE ESTREMECIERON LA CIENCIA 169

te, revelando la presencia de su acompañante. Visto desde la Tierra, el planeta de esa décima estrella proyecta una sombra en su superficie, como sucede con las sombras chinescas.

Cada tres días y medio (ochenta y cinco horas), como un reloj, la estrella del planeta HD 209458 b parece oscurecerse un insignificante 2% durante tres horas. HD 209458 b cubre parte de la abrasadora superficie de la estrella unas cien veces cada año terrestre. Y, como el cambio es tan pequeño, el objeto que bloquea la luz tiene que ser mucho más pequeño que la estrella. Del tamaño de un planeta. Y, cuando vemos que su estrella se tambalea, ya tenemos otra pieza del misterioso rompecabezas que ese nuevo mundo constituye. El vaivén nos indica la masa del planeta y el tránsito proporciona su tamaño. Si bien todavía no podemos ver el planeta propiamente dicho, esa información nos permite conocer su forma y su peso. ¿Es como la Tierra, más duro que una roca, o como Júpiter, una esponjosa bola de gas? Combinando la información de ambos métodos de búsqueda, llegamos a la conclusión de que HD 209458 b es una esponjosa bola de gas como Júpiter. Si arrojásemos a HD 209458 b a una gigantesca bañera cósmica, el exoplaneta flotaría. Su densidad apenas alcanza la mitad de la de Saturno; es casi como la de un malvavisco, un malvavisco asado, en este caso. Pero el planeta no está compuesto de malvaviscos, sino en su mayor parte de hidrógeno. Y el calor asfixiante de su estrella lo hincha todavía más. Este abrasador Júpiter supera la ficción, pero responde a la pregunta de si los exoplanetas son reales.

HD 209458 b también nos reveló qué clase de planeta era 51 Pegasi b. Si HD 209458 b era una bola de gas recalentado, 51 Pegasi b también podía serlo. Y esos dos eran solo los primeros de cientos de mundos que han confirmado lo siguiente: hay bolas de gas caliente cerca de sus estrellas.

Cabría preguntarse por qué los astrónomos no son un poco más ocurrentes a la hora de elegir los nombres. HD 209458 b no evoca un mundo fantástico azotado continuamente por gigantescas y abrasadoras tempestades. La nomenclatura es meramente práctica: *b* significa que se trata del primer planeta descubierto alrededor de la estrella HD 209458 (la letra *A* se reserva para compañeras estelares en distintos sistemas solares). Las letras —*b*, *c*, *d*, *e*, *f*— hacen más fácil determinar cuántos planetas hay en un sistema y cuáles son los más calientes y próximos a la estrella, pues esos suelen ser los primeros que encontramos. El nombre de la estrella, aunque parezca una combinación aleatoria de números y letras, también tiene su historia. Tomemos por ejemplo la estrella HD 209458: recibió su nombre de un listado de más de 220.000 estrellas cercanas que se hizo en la década de 1920, el Catálogo Henry Draper (HD). El nombre revela que la estrella es brillante —corresponde a la entrada número 209.458 en el catálogo HD— e indica a los astrónomos dónde pueden obtener más información. Además de la denominación científica, también recibió el sobrenombre de Osiris, por el dios egipcio del inframundo. No todos los exoplanetas tienen sobrenombres, sobre todo de dioses antiguos: con más de cinco mil exoplanetas, pronto nos íbamos a quedar sin nombres de deidades para sus estrellas anfitrionas. Sin embargo, cualquiera puede proponer nombres para los exoplanetas por medio del proyecto NameExoWorlds, gestionado por la Unión Astronómica Internacional, que tuve el honor de poner en marcha en 2015 en Honolulu durante su Asamblea General. En «Para saber más», en la página 253, se puede encontrar más información sobre la denominación de los exoplanetas.

¿Qué nombre le pondrías a uno de estos mundos recién descubiertos en nuestra costa cósmica?

INSTANTÁNEAS DE NUEVOS MUNDOS

Los astrónomos fueron encontrando cada vez más exoplanetas, pero, durante mucho tiempo, no contaron con fotos de esos nuevos mundos, sino solo con diseños artísticos de su probable aspecto. Pero, en 2008, el astrónomo canadiense Christian Marois tomó una foto de una joven familia de planetas que giraban alrededor de una estrella denominada HR 8799. Esa imagen de cuatro puntitos de luz es la primera instantánea de una familia de exoplanetas. La estrella se llama así por ser la número 8.799 del Catálogo Revisado de Fotometría de Harvard. Esa estrella —con una masa que multiplica por 1,5 la del Sol y con un brillo cinco veces superior— tiene unos treinta millones de años y se encuentra a unos 130 años luz, en el extremo occidental del Gran Cuadrante de la constelación de Pegaso, el caballo alado.

Los planetas jóvenes están calientes, incluso ardiendo, a causa de las colisiones de fragmentos que los formaron. Los astrónomos pueden localizarlos porque todavía son lo bastante calientes para ser observados a pesar del deslumbramiento causado por sus estrellas. A medida que envejecen, esos planetas se vuelven más fríos y tenues, hasta que acaban desapareciendo de nuestra vista, lo que convierte la imagen de los cuatro jóvenes exoplanetas en un precioso recuerdo, como esas fotos de bebés que conservamos para siempre.

Para localizar nuevos mundos hay que mirar al cosmos en el momento adecuado. Los descubrimientos son instantáneas únicas en el tiempo de un universo en constante evolución donde las estrellas y sus planetas se desarrollan, viven y mueren.

Demasiado caliente para tocarlo

Vas corriendo. Te esfuerzas en ir un poco más deprisa, aunque estés agotado. Detrás de ti, el sol empieza a salir, y esa luz va acompañada de un calor que te va a quemar los huesos y va a sobrecalentar el aire que necesitas para respirar, quitándote hasta el último aliento. Sigues corriendo. Intentas dejar atrás el amanecer en el pequeño fragmento de crepúsculo que da la vuelta al planeta, delimitado por una parte por el aire tórrido del día y por la otra por los zarcillos del gé-

lido aire de la noche. Sigues corriendo. Corres por la estrecha franja de temperatura que te permite sobrevivir... huyendo para siempre del amanecer.

¿Podría suceder algo así? Es la idea en la que se basa la película *Las crónicas de Riddick* (2004), dirigida por David Twohy. Riddick, un personaje de ciencia ficción, tiene que huir de la mortífera salida del sol tras escapar de la prisión subterránea situada en el planeta carcelario Crematoria. A Twohy le encanta la ciencia y por eso los escenarios de este exoplaneta están bien estudiados. Las imágenes de Riddick huyendo del amanecer en Crematoria producen una fuerte impresión. Cuando le pregunté sin ambages qué respiraba Riddick en su huida, David reconoció elegantemente que la película sería mucho menos interesante si Riddick llevara todo el tiempo una máscara de gas. Consejo para los viajeros espaciales: cuando las rocas se evaporen a vuestro alrededor, no intentéis respirar.

El ver a Riddick corriendo por un paisaje infernal nos sumerge en un mundo extraterrestre y nos deja vislumbrar fascinantes y extraños entornos que podrían existir en alguna zona del espacio. De momento, la ficción es lo único que nos permite visitar esos mundos nuevos. Pero los astrónomos ya han localizado planetas rocosos donde las temperaturas que se alcanzan son tan altas que servirían para filmar una versión real de Crematoria.

CoRoT (Convection, Rotation et Transit Planétaires), una pequeña misión espacial francoeuropea dotada de un telescopio de 27 centímetros, descubrió en 2009 el primer exoplaneta rocoso en el que se alcanzan temperaturas abrasadoras: CoRoT-7 b, otra auténtica sorpresa. Su estrella, CoRoT-7, es solo un poco más brillante que nuestro Sol y se encuentra a unos quinientos años luz de la Tierra en la constelación de Unicornio (Monoceros). A diferencia de lo que ocurre en nuestro planeta, desde el que el Sol nos parece un pequeño disco, en CoRoT-7 b, CoRoT-7 ocupa un lugar

MUNDOS QUE ESTREMECIERON LA CIENCIA

predominante en el cielo. CoRoT-7 b es un planeta rocoso un poco más grande que la Tierra, y a veces se denomina de tipo terrestre por ser rocoso y de un tamaño similar. Pero CoRoT-7 no se parece en nada a nuestro planeta. Su superficie es abrasadora (unos 2.000 °C). Está tan caliente que las rocas se derriten, se evaporan y vuelven a caer sobre la superficie en forma de lava. Es como el ciclo del agua en la templada Tierra. Pero una cosa es que te caigan gotas de agua o copos de nieve, y otra muy distinta que te lluevan piedras; el riesgo natural es muy distinto. Durante una tormenta en CoRoT-7 b, necesitaríamos algo más que un paraguas. En la *Guía del autoestopista galáctico*, podríamos encontrar una advertencia como esta: «Excelentes condiciones para el *kitesurf* sobre lava, pero cuidado con la lluvia de piedras».

¿Y qué decir de la zona de transición entre el día y la noche? ¿Puede haber una zona templada donde se esté a salvo del sol? Veamos. En primer lugar, el aire debe de estar cargado de vapores tóxicos, por lo que no se podrá respirar, así que las máscaras de oxígeno serán imprescindibles para los posibles turistas. La siguiente pregunta sería: «¿Qué densidad tiene la atmósfera?». En la Tierra las temperaturas diurnas y las nocturnas son casi las mismas. De noche hace un poco más de frío, pero no demasiado. El aire y los océanos distribuyen el calor por toda la esfera terráquea, de modo que, tanto si el Sol está brillando como si no, la temperatura es prácticamente la misma. En otros mundos que tengan vientos y océanos, las temperaturas diurnas y las nocturnas también deberían ser similares. Y, aunque los océanos de CoRoT-7 b sean de lava y no de agua, también deben de distribuir el calor por todo el globo, junto con las fuertes tormentas. Cuando los astrónomos descubrieron CoRoT-7 b, la posibilidad de que allí hubiese una franja templada —como la región en la que se adentra Riddick en Crematoria— era el meollo de la cuestión para determinar si aquel planeta rocoso podía albergar vida. ¿Era siquiera posible la existencia de una franja semejante en un mundo tan abrasador? Yo señalé, para consternación de algunos de mis colegas, que los vientos transportarían a todas partes, además del aire para respirar, también el calor abrasador. Otro problema no menos importante era que los organismos tendrían que empezar a correr de inmediato para estar siempre en esa franja templada antes de que atrapara el planeta en una rotación sincrónica. Pero, aun así, los vientos y los mares de lava harían que ambas caras soportasen siempre temperaturas tórridas.

Aunque no albergue vida, a CoRoT-7 b habría que incluirlo en un itinerario de planetas asombrosos. En el firmamento de CoRoT-7 b hay otro pequeño sol rojo, lo que supone la presencia de dos sombras en este extraño mundo. La posibilidad de contemplar vastos océanos de lava desplazándose bajo la luz de dos soles a la vez daría un valor incalculable a este viaje.

Dejemos un momento a un lado la idea de Crematoria y de los mundos de lava. ¿Serías capaz de correr más rápido que el amanecer en la Tierra? Es una pregunta que suelo hacer a mis alumnos en la clase de introducción a la astronomía. (Podría resultarles útil algún día en un viaje interestelar, y además les sirve para aprender que los problemas espinosos tienen más de una solución). Tomemos como ejemplo al atleta más rápido. Usain Bolt es capaz de alcanzar los 45 kilómetros por hora, aunque solo sea durante un trecho muy corto. ¿Es eso suficiente? Comprobémoslo. La Tierra tiene un radio de unos 6.500 kilómetros. Un viaje alrededor del ecuador terrestre supone unos 40.000 kilómetros, y tienes veinticuatro horas para recorrerlo. Así pues, tendrías que viajar a 1.600 kilómetros por hora para dar una vuelta completa. Eso es ir más deprisa que un avión normal y solo un poco más despacio que el caza más rápido. Pero en realidad es posible viajar más deprisa que la salida del sol en la Tierra. No hace falta ser un superatleta para conseguirlo. Todo depende del lugar en el que nos encontremos. Si empezamos a correr en el ecuador, entonces sí que vamos a necesitar un *jet*. Pero los planetas son esferas, por lo que, cuanto más cerca de los polos estemos, menor será la distancia que tengamos que recorrer. Cerca de uno de los polos, se puede huir del amanecer dando un tranquilo paseo. (El eje de la Tierra tiene una inclinación de aproximadamente 23,5 grados, por lo que esta hipótesis no funciona a la perfección, ya que, en realidad, los polos están desalineados con respecto al lugar sobre el que la luz solar incide. Pero, por simplificar las cosas, pasemos por alto la inclinación de la Tierra). Este problema les enseña a mis alumnos lo importante que es vencer las adversidades, especialmente cuando todos los pronósticos están en nuestra contra.

Volvamos a los auténticos exoplanetas. ¿Los mundos de lava están compuestos de rocas como la Tierra? ¿O los componentes de esos mundos son distintos? Para comprobarlo, los científicos deben examinar las rocas. Pero ¿cómo se puede obtener una muestra de un planeta de lava si no es posible viajar hasta allí para recogerla? Bueno, pensé que, si no podíamos viajar a un planeta de lava, tenía que fabricar yo uno. Pero ¿cómo fabricar nuestros propios mundos si no estamos en el clásico de ciencia ficción *Guía del autoestopista galáctico*, de Douglas Adams? (Esta entretenida historia narra las desventuras del único ser humano que sobrevive a la destrucción de la Tierra e incluye una visita a una fábrica de planetas).

En Cornell, suelo comenzar mi clase de introducción a la astronomía con una divertida historieta: «La diferencia», del webcómic *xkcd*. Se ve a un muñeco que, al tirar de una palanca, recibe una descarga eléctrica. Entonces la viñeta se divide en dos. En un lado, un tipo llamado «persona normal» dice: «Creo que no debería hacer eso». En el otro lado, un tipo llamado «científico» pregunta: «¿Sucederá lo mismo cada vez que lo haga?». Me encanta la historieta porque me lleva a preguntarme por qué una persona no iba a querer saber si la descarga se producirá todas las veces (al parecer no duele, así que ¿por qué no intentarlo de nuevo?). Pero curiosamente (para mí) muchos de mis amigos no científicos no lo ven de esa manera. Para fabricar mi propio mundo de lava solo hacía falta dar con la palanca adecuada.

Tras largas deliberaciones, uno de mis colegas y yo averigua-

176 MUNDOS EXTRATERRESTRES

mos cómo fabricar mundos de lava. Se empieza mezclando las sustancias químicas adecuadas para crear diferentes tipos de rocas y luego se funden esas rocas. Así se crea lava caliente que podría cubrir la superficie de un mundo lejano. Reconozco que no es lo mismo que ir a recoger una muestra, mas por ahora tendremos que conformarnos con un mundo de lava artificial. Para ello, mi colega el vulcanólogo costarricense Esteban Gazel y yo creamos en Cornell un «laboratorio de mundos de lava» en el marco de una colaboración entre los departamentos de Geología y Astronomía.

Cuando entro en el nuevo laboratorio, no me encuentro ríos de lava (por suerte). Es solo una gran sala en la que hay láseres, hornos y una gran caja marrón en la que está nuestro espectrómetro, un instrumento capaz de medir la variación lumínica característica de cada muestra, así como de dividir la luz blanca y medir sus bandas de color individuales. Además, la sala contiene microscopios de distintos tamaños para comparar las propiedades de las rocas... y de nuevos mundos.

Ahí es donde fabricamos nuevos mundos. Los mundos que creamos son tan pequeños que caben en la palma de mi mano. Siempre quise sujetar un mundo entero, y ahora puedo sujetar dos. Para fundir estos mundos diminutos no es necesario generar ríos de lava (eso sería demasiado peligroso). Solo hace falta un poco de roca en polvo y una tira de metal caliente para transformar esas rocas pulverizadas en diminutas franjas de lava. Para ser más precisos, la tira recalentada funde el polvo, el cual forma un «cristal». Los geólogos llaman *cristal* al magma enfriado, lo que al principio creó un poco de confusión en nuestras reuniones interdisciplinarias. Los astrónomos no entendían esa insistencia de los geólogos en decir que había cristal en la superficie de nuestros mundos de lava fría. Al final, cuando se me ocurrió el nombre de «planeta zapato de cristal de Cenicienta», los geólogos comprendieron la extrañeza de los astrónomos. Después de muchas bromas al respecto, el caso es que habíamos convenido en un idioma común.

Cada campo de la ciencia tiene su propia jerga, por lo que la misma palabra puede significar cosas diferentes para los científicos de distintas disciplinas, por no hablar de los no científicos. Por ejemplo, los astrónomos, cuando hablan de metales, se refieren a cualquier elemento más pesado que el helio. ¿Significa eso que los extraterrestres están hechos de metal? Según la definición de los astrónomos, los seres humanos están hechos de hidrógeno y metal. Así pues, es mejor que los astrónomos no se quejen de la nieve en el techo del vecino si aún no tienen el umbral limpio. Para comunicarse con precisión, hay que conocer el vocabulario de cada disciplina. Los colegas de un campo concreto de investigación aprenden la misma jerga, y por eso no tienen ningún problema en entenderse. Es como si en un grupo de amigos de toda la vida, uno mencionara una palabra clave. Todos sabrán a qué se refiere, pero, si llegan personas nuevas —como en el caso de los colegas de otro campo de estudio—, estas perderán rápidamente el hilo de la conversación, a menos que se decidan a preguntar de qué diablos se está hablando.

Lo importante es hacer preguntas sencillas al principio, aunque puedan parecer estúpidas. Cuando dices cristal o metal, crees que otros científicos te entienden, pero a lo mejor no es así. (Me he dado cuenta de que el mismo principio es aplicable a la vida en general). Aprendí a ser lo bastante osada —y lo bastante lista— para hacer preguntas sencillas a científicos de otros campos gracias a un experto: Jack Szostak, un biólogo canadiense que recibió el Premio Nobel de Fisiología o Medicina en 2009 y que por entonces formaba parte del equipo Origen de la Vida, en Harvard. Jack era siempre el primero en hacer una pregunta al final de cada conferencia, y hacía una pregunta sencilla para que todos los asistentes se animaran a preguntar cosas que en teoría deberían saber, pero que en realidad no sabían. Cuando los especialistas hacen preguntas básicas, los principiantes se dan cuenta de que ellos también pueden hacerlas sin parecer bobos. Al fin y al cabo, si un premio nobel puede preguntar algo tan simple, ¿por qué tú no?

178 MUNDOS EXTRATERRESTRES

Creo que Jack recibió el Premio Nobel en parte por hacer ese tipo de preguntas fundamentales. Sus preguntas nacen del deseo de comprender los conceptos básicos, que luego utiliza para entender el mundo.

Fabricar tu propio planeta es un poco como hacer un dificilísimo experimento de química. Nosotros elegimos veinte tipos de piedras que pudieran conformar exoplanetas rocosos, y probamos con una amplia gama de posibles estructuras. Seleccionamos diferentes sustancias químicas en polvo y las mezclamos para obtener el compuesto químico adecuado para la roca (y el planeta) que queríamos crear. En la Tierra, las rocas se presentan en muchas formas y colores, por lo que yo estaba deseando ver los prototipos —la mezcla rocosa— de los mundos que estábamos creando en el laboratorio. Me imaginaba probetas de sorprendentes colores, desde el rojo rubí hasta el negro azabache, pero lo que me encontré fueron probetas llenas de polvo blanco (por suerte, estaban todas etiquetadas). Resulta que, si no añades hierro a la mezcla, todas las rocas en polvo son blancuzcas. Todavía emocionada —aunque un poco más sabia en cuestión de rocas—, veía asombrosos mundos blancos por doquier. Aún me pregunto si en el cosmos hay maravillosos mundos blanquecinos y desprovistos de hierro.

La parte complicada comenzó cuando añadimos el hierro y fundimos rocas de diversos colores. ¿Cómo se capta la luz de esas franjas de lava para hacerse una idea del aspecto que pueden tener los planetas magmáticos en nuestros telescopios? Parece sencillo, pero en realidad es dificilísimo, sobre todo porque aún no se ha inventado un instrumento capaz de hacer esa función. Nadie sabía que íbamos a necesitar un instrumento para medir la luz procedente de un diminuto mundo de lava. Tuvimos que buscar formas imaginativas de utilizar herramientas concebidas para otras cosas. En ciencia, conseguir algo que nadie ha conseguido antes implica casi siempre un montón de ensayos y decepcionantes errores. Ese feliz ¡eureka!, cuando un científico hace un des-

MUNDOS QUE ESTREMECIERON LA CIENCIA

cubrimiento importantísimo, va precedido de cientos de horas de desesperación porque lo que creía haber logrado en realidad no funciona.

Un ejemplo de ello es cuando la configuración del instrumento que debería medir el calor emitido por los diminutos mundos de lava sigue dando la misma respuesta con independencia de lo que estés midiendo en realidad. O cuando, a miles de grados, la óptica del microscopio corre el peligro de fundirse porque no está pensada para soportar semejantes temperaturas. (Ahora me doy cuenta de eso, pero es algo que no contemplamos a la hora de planear este complicado proyecto). Es entonces cuando entran en juego el ingenio y la tenacidad. La tenacidad es tan importante como la imaginación cuando estás en los umbrales del conocimiento: intentas una cosa y fracasas, intentas otra y fracasas aún más, y entonces lo intentas de nuevo y vuelves a fracasar. Tus errores te enseñan cruelmente qué es lo que no hay que hacer y qué es lo que podría funcionar. Todas las tardes, cuando sales de la oficina, inspiras hondo y te das por vencido... de momento. Al día siguiente, en cuanto abres la puerta del laboratorio, empiezas otra vez desde el principio porque no te puedes desentender de la cuestión. Repites todas las operaciones una y otra vez hasta que agotas todas las posibilidades... o por fin das en el clavo. Un paso adelante, un paso atrás, pero entonces, un día, lo que has aprendido de todos los decepcionantes retrocesos te conduce por un camino nuevo y das dos pasos adelante.

De nuevo en el laboratorio, observamos el brillo de nuestros mundos diminutos con instrumentos que no fueron concebidos para medir mundos de lava. Estamos allanando el terreno para que los astrónomos exploren, valiéndose solo de la luz, mundos de magma eruptivo situados a distancias siderales. Nuestros pequeños mundos de lava se parecen todo lo posible a esos planetas incandescentes y rocosos que hay en el cosmos. Descubrimos que los distintos tipos de lava tienen un aspecto diferente bajo el microscopio, lo que significa que podemos analizar la superficie derretida sin haber hollado jamás un mundo magmático. Utilizamos su luz y el ingenio humano para establecer la conexión con el laboratorio de Ithaca (en el estado de Nueva York). Los cientos de horas que dedicamos pacientemente a fabricar, fundir y observar esos mundos diminutos nos permitieron dar con una solución. Ahora podemos captar la luz de los auténticos mundos de lava, compararla con la luz de nuestras franjas magmáticas en el laboratorio y comprobar si hay alguna coincidencia. Si encontramos una, entonces sabemos de qué se compone la superficie de ese mundo. Y podemos tener entre las manos una versión en miniatura de ese planeta de lava; aquí mismo, en nuestro laboratorio.

Para buscar vida en el cosmos, dejaremos atrás el magnífico espectáculo del mundo de lava. Los mundos de magma eruptivo hay que admirarlos desde una distancia prudencial. Pero en nuestro vecindario cósmico hay planetas aún más misteriosos que nos invitan a explorarlos.

MUNDOS QUE ESTREMECIERON LA CIENCIA

CAPÍTULO
6

Como en casa, en ningún sitio

Los límites de lo posible solo se pueden definir rebasándolos para alcanzar lo imposible.

ARTHUR C. CLARKE

NO HAY TIERRA A LA VISTA

Sí, en Viena también te pueden servir un café malo. Viena es famosa por sus hermosos cafés, donde filósofos, poetas y científicos han encontrado inspiración durante cientos de años saboreando tazas de magnífico café, concretamente desde 1683, cuando el ejército otomano intentó tomar la ciudad. Los invasores, aunque fueron expulsados, dejaron tras de sí sacos llenos de granos de café. La invasión fracasó, pero el triunfo del café acababa de empezar. La popularidad del café comenzó con un espía: un espía en la corte imperial abrió el primer establecimiento de café de la ciudad. Si vais a un café, comprobaréis que el espía utilizaba una hábil estrategia. Escuchar las animadas, y a menudo privadas, conversaciones de los clientes facilitaba enormemente el espionaje.

La infusión de café sigue siendo uno de los pilares de la cultura vienesa; los establecimientos de café son como una extensión de la sala de estar, un lugar al que se acude para encontrarse con los amigos o simplemente para leer. Y la infusión se sirve siempre acompañada de pastas y productos de bollería.

Pues ahí estaba yo en un centro de congresos de Viena, recién llegada de Boston la noche anterior, para asistir a una reunión de la Unión Geológica Europea. No soy geóloga, pero me invitaron a dar una charla sobre la relación entre los exoplanetas y nuestro propio planeta, una importante relación sobre la cual yo había hecho los primeros trabajos.

Esa mañana, unos once mil científicos intentaban encontrar una taza de café durante el receso de veinte minutos. El café en el centro de congresos es gratuito para los asistentes, pero, mientras miraba el líquido marrón grisáceo en mi vaso de plástico, me pregunté cómo se me había podido olvidar comprar un café decente por el camino. Debía de ser la falta de sueño.

Mientras estaba en el amplio vestíbulo con las paredes decoradas con pósteres, pensando en lo injusta que es la vida, oí un ruido de pasos en el pasillo. Estaba sola porque, después de hacer una larguísima cola para el café, la siguiente conferencia ya había comenzado. Cuando entras tarde en una sala, te da la impresión de que todo el mundo te mira mal, de modo que preferí quedarme mirando los pósteres de los últimos trabajos científicos.

Los pósteres de un congreso científico resuelven el problema de cómo once mil personas pueden presentar sus trabajos en una semana. Si todos diesen una charla de diez minutos durante ocho horas al día, el congreso duraría más o menos un año. (Viéndolo desde el lado positivo, en ese caso los científicos podrían permanecer allí hasta el congreso del año siguiente. Pero no podrían seguir trabajando mientras tanto). Así pues, solo unos pocos elegidos dan conferencias, mientras que la mayoría de los asistentes muestran su trabajo en los pósteres: miles de carteles que los asistentes intentan leer durante los recesos. Para echar un vistazo a unas docenas de carteles, no hablo ya de cientos, hay que tener la

COMO EN CASA, EN NINGÚN SITIO

habilidad de serpentear entre la multitud y colarse por los pocos resquicios que va dejando la gente. Si no consigues perfeccionar este arte, lo mejor es que desistas pronto y te centres en una zona concreta; a continuación, identifica a aquellos colegas que han recorrido distintas partes del vestíbulo e invítalos a un café para que te cuenten los aspectos más interesantes de lo que han visto. Las salas con carteles de ese tipo constituyen una excelente manera de comenzar una colaboración internacional e interdisciplinaria: esas conversaciones en torno a un café son el germen de numerosos descubrimientos. En ellas se combinan diferentes puntos de vista que dan lugar a nuevas ideas y abren nuevas rutas para el conocimiento. Una ventaja adicional es que la persona que describe la información que contiene el póster la expone en el contexto de su propio conocimiento, y tú consigues todo eso a cambio de un café (aunque no sea muy bueno).

El ruido de pasos indicaba que otra persona había decidido hacer una incursión en el vestíbulo vacío. Y se trataba de alguien a quien yo conocía.

William Borucki, un científico estadounidense que trabajó en el NASA Ames Research Center, es un gigante en mi campo de estudio, una persona que consiguió poner en marcha, contra todo pronóstico, la misión Kepler. Con «contra todo pronóstico» quiero decir que su proyecto fue rechazado por la NASA en cuatro ocasiones. Pero Borucki no se rindió. Él sabía que tenía la importante misión de averiguar cuántos planetas giraban alrededor de otras estrellas. Su objetivo era observar la misma zona del firmamento para buscar, en más de ciento cincuenta mil estrellas al mismo tiempo, los casi imperceptibles cambios de brillo que revelaban la presencia de sus planetas. (Y así se encontrarían miles de mundos nuevos). Borucki consiguió que una docena de científicos no perdieran la motivación y siguió presentando propuestas hasta que al final, después de escribir miles de páginas y hacer experimentos cada vez más complejos para demostrar que su tecnología funcionaba, a la quinta fue la vencida. El ejemplo de

186   MUNDOS EXTRATERRESTRES

Borucki demuestra que parte del éxito de la ciencia se debe a la tenacidad y a la voluntad de seguir adelante contra viento y marea. La asombrosa misión Kepler, con su espejo de 1,4 metros de diámetro, descubrió miles de mundos que giraban en torno a otras estrellas y cambió por completo nuestra forma de entender los planetas.

Borucki es también una de las personas más agradables que conozco. Nos habíamos conocido en un pequeño congreso de astronomía en el que yo presenté mi trabajo sobre la forma de averiguar la habitabilidad de los planetas, pero, desde que en 2009 se puso en marcha la misión Kepler, él había estado rodeado de tanta gente que supuse que no se acordaría de mí. Para mi sorpresa, nada más verme, sonrió y se me acercó. Recuerdo haber pensado que quizá solo quería saber dónde había comprado el café que estaba tomando. Se me ocurrió que tal vez fuese mejor no recomendárselo.

Aquel frío día en Viena, bebiendo un café tan malo, se convirtió en uno de los días más emocionantes de mi vida. Borucki me dijo que pensaba hablar conmigo en la charla que iba a dar al día siguiente. Durante nuestro encuentro fortuito, me contó un secreto tan alucinante —y bien guardado— que me entraron ganas de gritar desde los tejados de esta hermosa ciudad imperial: la misión Kepler había encontrado un mundo nuevo que estaba exactamente en el lugar adecuado. En realidad, no era solo un mundo nuevo. La misión había localizado dos pequeños exoplanetas rocosos en la zona de habitabilidad de la estrella Kepler-62. Borucki me pidió que les echase un vistazo a los datos y le diese mi opinión sobre la posible habitabilidad de esos planetas. Cuando decidí dedicar mi carrera profesional a la identificación de mundos habitables por medio de sus huellas lumínicas, nadie sabía cuándo se iban a detectar los primeros y menos aún si eso sucedería a lo largo de mi vida. Así, de repente, en un frío vestíbulo vienés, pasé a formar parte del descubrimiento de dos de los planetas más interesantes, Kepler-62 e y

Kepler-62 f. Sentí que el mundo se paraba un momento y que el universo cambiaba porque había otros mundos reales que podían ser como el nuestro.

LOS OCÉANOS MÁS PROFUNDOS DEL COSMOS

Hoy sabemos que hay probablemente miles de millones de planetas rocosos girando alrededor de sus estrellas justo a la distancia necesaria para que se dé la vida, pues no son ni demasiado cálidos ni demasiado fríos. No obstante, antes del descubrimiento de Kepler-62, los astrónomos localizaban planetas en zonas de habitabilidad al detectar su vaivén, lo que les permitía hacerse una idea de la masa de dichos planetas, pero no distinguir entre aquellos que eran rocosos como la Tierra y aquellos que eran pequeñas bolas de gas inhabitables como Neptuno. Y los científicos creían que había planetas templados y rocosos como la Tierra, pero no lo podían demostrar.

Sin embargo, los astrónomos que participaron en la misión Kepler descubrieron los dos mundos que giraban en torno a Kepler-62 valiéndose de una técnica diferente: el método del tránsito astronómico. Como ya hemos mencionado, los planetas, cuando cruzan nuestro campo visual, alteran la cantidad de superficie estelar que nos es posible ver. Así pues, al observar decrementos en el brillo de la estrella, podemos determinar el tamaño del planeta. Cualquier planeta cuya masa y radio conozcamos será un mundo rocoso si es más pequeño que el radio de la Tierra multiplicado por dos. Kepler-62 e y Kepler-62 f eran planetas de esas características. Dos mundos rocosos y templados: esa era la noticia que todos los que esperaban encontrar vida en otros mundos estaban deseando oír. Y, de repente, mi búsqueda de vida en el cosmos pasó de visionaria a práctica, de descabellada a factible, de orientada al futuro a una necesidad inmediata. Por eso Borucki quería hablar conmigo, porque yo había estudiado la fascinante

188 MUNDOS EXTRATERRESTRES

cuestión de cómo encontrar vida en los exoplanetas antes de que supiésemos dónde estaban.

¿Estamos solos en el universo? En caso negativo, ¿cómo vamos a encontrar otras formas de vida? Esas son, para mí, dos de las cuestiones más interesantes de la ciencia. Pero, cuando empecé a analizarlas, nadie sabía si había otros planetas habitables, y varios científicos de prestigio me sugirieron que me dedicase a investigar otros campos. De hecho, me lo dijeron en más de una ocasión (a lo mejor pensaban que era dura de oído). No dejaban de preguntarme por qué buscaba algo que probablemente nunca encontraría. A lo largo de la historia habrá habido muchos científicos en la misma situación. Con los años, yo he aprendido a sonreír a los escépticos y a no decir ni mu.

Para mi búsqueda de mundos rocosos desarrollé un modelo informático, en cierto modo parecido a los modelos climáticos que predicen el tiempo, con el fin de averiguar hasta qué punto puede la vida modificar la atmósfera de un planeta. Vistos con nuestros telescopios, ¿qué aspecto tendrán los signos de vida procedentes de mundos que giran alrededor de otros soles? Mis modelos son complejos constructos matemáticos basados en los datos y en la historia de la Tierra; nos permiten hacernos una idea de la evolución de planetas rocosos como el nuestro y extrapolarla a mundos rocosos que orbiten en torno a otras estrellas. Por eso me invitaron a dar una conferencia en un congreso al que asistieron once mil geólogos. Basándome en toda la información disponible, yo había apostado por la existencia de planetas rocosos en las zonas de habitabilidad, pero eso era todo, una apuesta basada en una conjetura bien fundamentada. (Y así, sin más, había ganado la apuesta).

Todos habíamos cumplido. Habíamos encontrado las primeras tierras potenciales en el espacio exterior. Borucki, que no se rendía; los científicos e ingenieros que diseñaron y construyeron la misión Kepler; la gente que apoya las investigaciones científicas; y todos los soñadores que miran las estrellas y se hacen pre-

COMO EN CASA, EN NINGÚN SITIO

guntas: entre todos habíamos encontrado los primeros mundos que podrían ser iguales que el nuestro.

Ese mismo día por la tarde, saboreando un café con leche espumosa, mi *kleines Schalerl Gold* (tacita de oro), en uno de los establecimientos más antiguos de Viena, imaginaba cómo serían esos mundos. A pesar de la inestable conexión a internet, me conecté a mi ordenador de Harvard y abrí los archivos de los modelos con el fin de averiguar si esos planetas —si en realidad existían— tenían temperaturas superficiales idóneas para el agua líquida y cuál era la mejor forma de explorarlos con nuestros telescopios. En aquel momento, con la imaginación, vi dos mundos cubiertos de interminables océanos cuyas olas nunca rompían contra la orilla. O a lo mejor había algunas islitas aquí y allá. ¿Transportaría el viento el olor a sal de los océanos, como sucede en la Tierra? ¿Habría alguien o algo que sintiese ese viento en la piel?

Los primeros resultados llegaron a primera hora de la mañana y, tras comprobarlos dos y hasta tres veces, le envié un correo electrónico a Borucki para darle el noticón: los dos nuevos mundos eran perfectos; dos halos de luz que nos guiarían en nuestro intento de encontrar otras tierras en el cosmos. Pero —en la ciencia siempre hay algún «pero»—, aún había que analizar el descubrimiento. Cabía la posibilidad de que los planetas que creíamos haber encontrado no estuviesen realmente allí, que algún error en las mediciones o algún fallo mecánico hubiesen alterado los datos.

Así se hace ciencia: primero encontramos algo y luego analizamos todos sus aspectos para asegurarnos de que no estamos viendo lo que queremos ver, sino lo que realmente es. Todos los científicos conocen el procedimiento. Este método nos permite distinguir entre lo que es y lo que no es, paso a paso, aunque en ocasiones resulte agotador. A veces descartamos teorías en las que llevamos años trabajando. Teorías que habrían ocupado las portadas de todos los periódicos *si* hubiéramos podido demostrarlas.

Esta verificación continua era la razón por la que Borucki todavía no había dado a conocer el descubrimiento; debíamos estar seguros de que los planetas eran reales. Hicimos numerosos ensayos para comprobar que los datos se sostenían. A partir de aquel luminoso día, supe que cada alerta de mi correo electrónico podía significar el desastre. Así es como me sentía. Quería y no quería leer los mensajes. Sabía que, si los datos obtenidos por Borucki se debían a un error mecánico o informático, en realidad no estaría perdiendo esos planetas, porque, en primer lugar, nunca habrían existido. Pero ya había establecido una estrecha conexión con esos dos primeros mundos que podían ser como el nuestro. Y, alerta tras alerta, temiendo la llegada de cualquier correo con malas noticias, mis planetas sobrevivieron y estaban a una distancia adecuada para poder observarlos.

Kepler-62 es un poco más fría y pequeña que el Sol. Se encuentra en la constelación de la Lira, a unos 1.200 años luz de la Tierra. Kepler-62 e es el cuarto planeta de la estrella y su movimiento de traslación dura 122 días. Es aproximadamente un 60 % más grande que la Tierra. El planeta más lejano de los cinco que giran en torno a Kepler-62 —Kepler-62 f— tarda doscientos sesenta y siete días en dar una vuelta a la estrella. Es aproximadamente un 40 % más grande que la Tierra. A esa clase de planetas se los conoce como *supertierras*.

En esos planetas celebraríamos más cumpleaños que en la Tierra porque están más cerca de su estrella y necesitan menos tiempo para dar una vuelta alrededor de ella, pero la temperatura de la superficie de Kepler-62 e y Kepler-62 f parece ser muy parecida a la de la Tierra. No se sabe si es posible respirar allí, pero la temperatura podría ser templada y agradable. A 1.200 años luz de distancia, esos planetas giran alrededor de su estrella, ajenos a los entusiasmados científicos que acaban de vislumbrar por primera vez unos mundos rocosos que podrían ser aptos para la vida.

¿Cómo serán esas supertierras? No hay ninguna de ese tipo en nuestro sistema solar; aquí, la Tierra es el más grande de los planetas rocosos. Siempre supuestamente, las supertierras retienen más agua a causa de su mayor masa y su mayor atracción gravita-

COMO EN CASA, EN NINGÚN SITIO
191

cional, por lo que toda su superficie está cubierta de profundos océanos. Podrían ser unos de los mejores lugares del cosmos para practicar surf. Las películas de ciencia ficción nos muestran visiones de mundos oceánicos; por ejemplo, en la película *Waterworld* (1995), protagonizada por Kevin Costner, aparece una Tierra en la que los casquetes polares se han derretido y han inundado los continentes. Si bien en las películas vemos mundos marinos preciosos, en realidad, los océanos profundos darían lugar a entornos mucho más extraños. Cuanto más nos sumergimos en el mar, más presión tenemos que soportar. Cuando los océanos son muy profundos, llega un momento en el que la presión es tan alta que el agua se solidifica. El fondo de esos mares sería de hielo. Pero no el frío hielo que vemos en invierno los días gélidos, flotando sobre el agua, sino un hielo mucho más denso y caliente, que es el resultado de la inmensa presión que ejerce el océano que tiene encima.

Por ahora, imaginar la vida en otros planetas es hacer simples conjeturas. Pero no hay ninguna razón de peso por la que no pueda haber vida en los mundos oceánicos, tanto si el agua líquida cubre la superficie como si queda oculta bajo gruesas capas de hielo, que es lo que sucede en Encélado y Europa. A lo mejor, en vez de comenzar en charcas poco profundas sobre una superficie rocosa —la teoría más generalizada actualmente para explicar el origen de la vida en la Tierra—, esta pudo haber comenzado en una charca poco profunda sobre una plataforma de hielo. Recuerdo perfectamente estar sentada en mi despacho de Harvard, con papeles esparcidos por todas las mesas, hablando a toda velocidad con el astrónomo búlgaro Dimítar Sasselov, el imaginativo director de la iniciativa Origen de la Vida, intentando ambos averiguar cómo serían los océanos de las supertierras. La curiosidad positiva hace germinar las mejores ideas, y poco a poco la imagen de esos mundos oceánicos fue tomando forma en nuestra imaginación. Cuanto más te sumerges en el océano aparentemente infinito, más imponente es la oscuridad; el agua absorbe la luz de la estrella roja. Cada vez te hundes más en lo desconocido. La presión aumenta hasta que tu mano toca hielo macizo en lugar de agua: el fondo del mar. Por desgracia, tu cuerpo quedaría aplastado mucho antes y el agua lo convertiría en hielo a alta presión, por lo que bucear a mucha profundidad en esos océanos no es nada recomendable.

En cierto sentido, la vida se preservaría mejor en océanos profundos porque la gruesa capa de agua la protegería de la dañina radiación UV. Pero también es posible que la vida no saliese nunca de los océanos. ¿Cómo habría evolucionado la vida en la Tierra si no hubiera pisado nunca los continentes? Esas criaturas parecidas a pulpos, los hectápodos, que aparecen en el relato de ciencia ficción *La historia de tu vida* (1998), de Ted Chiang, en el que se basa la película *La llegada* (2016), me vienen a la cabeza cuando pienso en grandes mundos oceánicos. En esa sugerente historia, cuando una civilización extraterrestre llega a la Tierra, varios grupos de científicos intentan aprender su lengua para poder comunicarse con ellos.

Además de ser una excelente alternativa a la imagen de los hombrecillos verdes, la historia pone de relieve el problema —a menudo simplificado o soslayado— de cómo comunicarse con una civilización extraterrestre, cuestión esta que ya hemos abordado en este libro. Los malentendidos son muy frecuentes incluso entre personas que hablan la misma lengua. Una galaxia que nunca haya tenido que preocuparse por las lenguas tiene que ser muy muy lejana... y además ficticia: la visión de George Lucas en *La guerra de las galaxias*. Un poco más adelante volveremos a hablar de si podría haber planetas como los de la ciencia ficción.

La estrella de al lado y su planeta

Uno de mis planetas favoritos está justo a la vuelta de la esquina, en términos astronómicos. Mencionamos su estrella, Próxima Centauri, cuando hablamos de los viajes interestelares. A unos cuatro años luz de nosotros, en la constelación del Centauro, Próxima Centauri será nuestro destino más cercano cuando inventemos naves espaciales capaces de recorrer esas distancias. Siendo una estrella roja tan antigua como nuestro Sol, es uno de los componentes de un triple sistema estelar formado por dos soles amarillos, Alpha Centauri A y B, y un sol rojo, Alpha Centauri C (Próxima Centauri).

Próxima Centauri, la estrella más cercana a nuestro Sol, tiene un planeta que podría ser idóneo: Próxima Centauri b, un astro situado en la zona de habitabilidad que circunda este sol rojo tan próximo a nosotros. Lo descubrió en 2016 el astrónomo español Guillem Anglada-Escudé; de los hallazgos recientes, este es uno de los más interesantes.

Próxima Centauri se balancea lo justo. Su planeta tarda solo once días en dar una vuelta completa a la estrella roja, que lo bombardea con fogonazos de intensa radiación. El poco tiempo que tarda en dar una vuelta a su estrella significa probablemente que está acoplado a ella en rotación sincrónica. Eso significa que solo un lado del planeta ve el sol; habría que alejarse de las partes iluminadas para contemplar el amanecer o el atardecer y luego seguir avanzando para llegar a la parte del planeta que está envuelta en oscuridad perpetua. Es posible que Próxima Centauri b sea como el planeta que describí al comienzo de este libro.

El sol rojo podría estar orbitado por otros dos planetas, pero ninguno de ellos parece apto para la vida. En el cine, no es el sol rojo del sistema Alpha Centauri, sino el sol amarillo Alpha Centauri A el que más llama la atención. Alpha Centauri A y Alpha Centauri B giran la una alrededor de la otra cada ochenta años y, observadas a simple vista desde la Tierra, parecen una sola estrella, la tercera más brillante de nuestro cielo nocturno. Próxima Centauri gira alrededor de ellas aproximadamente cada quinientos mil años. Ni Alpha Centauri A ni Alpha Centauri B tienen planetas conocidos, pero ambas han inspirado durante décadas a los escritores de ciencia ficción. Si una de las dos estrellas tuviera un planeta, este vería dos soles en el cielo (y otro más de un rojo tenue a muchísima distancia). En la película *Avatar* (2009), escrita y dirigida por James Cameron, la exuberante y habitada luna Pandora tiene una atmósfera tóxica para los seres humanos. Es un poco más pequeña que la Tierra y gira en torno a un ficticio gigante gaseoso, Polifemo, que a su vez da vueltas alrededor de Alpha Centauri A.

La idea de vivir en lunas habitables se basa en la esperanza de encontrar vida en alguno de los satélites de nuestro sistema solar. Y una luna habitable, si fuese lo bastante compacta —como la ficticia Pandora—, debería tener entornos similares a los de la Tierra, en el caso de que recibiese cantidades similares de luz. Europa, la gélida luna jupiterina que nos permite albergar la esperanza de encontrar una biosfera submarina en nuestro propio sistema solar, sufre un constante bombardeo de intensas radiaciones al atravesar el cinturón de iones y electrones atrapados en el campo magnético de Júpiter. Para Encélado y Titán, satélites de Saturno, la radiación es menos preocupante gracias a la menor intensidad del campo magnético del planeta, pero los hermosos anillos de Saturno sugieren que su atracción gravitacional destruyó algunas lunas incipientes. Aun así, el hecho de considerar las lunas como mundos habitables aumenta significativamente la cantidad de lugares en los que la vida se podría desarrollar. Todavía no sabemos si hay lunas habitables o si alguna de ellas podría albergar vida, pero esa posibilidad despierta nuestra curiosidad.

Encontrar lunas es un reto adicional para los astrónomos; la debilísima señal que una luna introduciría como una variación en la débil señal del planeta es aún más difícil de detectar que la señal del planeta propiamente dicho. Pero los astrónomos no se cansan de buscar exolunas. El que los astrónomos todavía no hayan encontrado ninguna no quiere decir que no haya lunas habitables.

¿Una, dos, tres, cuatro tierras?

Si pudiera elegir el tipo de sistema planetario que quisiera, elegiría uno con más de una Tierra. Me pregunto hasta qué punto habría avanzado ya nuestra capacidad de viajar por el espacio si hubiera otro mundo habitable, por no decir varios, girando alrededor de nuestro Sol. Un sistema con más de un planeta como el nuestro también nos permitiría entender mejor cómo funciona realmente la Tierra. Sería el laboratorio perfecto.

En 2017, el astrónomo belga Michaël Gillon y el equipo del TRAPPIST (TRAnsiting Planets and PlanetesImals Small Telescope) encontraron un fascinante sistema planetario situado a unos cuarenta años luz de la Tierra, girando en órbita alrededor de un pequeño sol rojo que tiene unos siete mil millones de años de antigüedad. Se trata de uno de los aproximadamente sesenta soles rojos cuyos cambios de brillo han sido monitorizados con un telescopio de 60 centímetros, el TRAPPIST-South, ubicado en el observatorio de La Silla, en Chile. La estrella TRAPPIST-1 tiene siete planetas del tamaño de la Tierra, tres de los cuales orbitan en su zona de habitabilidad. Esos siete planetas giran alrededor de su estrella roja a diferentes distancias, lo que los convierte en excelentes casos experimentales. Eso es lo que cabía esperar de esos mundos: el planeta TRAPPIST-1 b, cuyo movimiento de traslación dura 1,5 días terrestres, es excesivamente cálido; TRAPPIST-1 c (2,4 días) es demasiado cálido; TRAPPIST-1 d (4 días) es bastante cálido; TRAPPIST-1 e (6,1 días) tiene una temperatura idónea; TRAPPIST-1 f (9,2 días) tiene también una temperatura idónea; TRAPPIST-1 g (12,3 días) es un pelín frío; TRAPPIST-1 h (18,8 días) es probablemente demasiado frío.

Así pues, un año en esos planetas dura solo entre un día y medio y diecinueve días terrestres. Puesto que los planetas están tan cerca de su sol rojo, es posible que se encuentren en rotación sincrónica, teniendo una cara que mira siempre al sol de color rojo anaranjado y otra que está sumida siempre en la oscuridad. TRA-

PPIST-1 e se halla en el medio de los siete planetas, pues hay tres que están más cerca de TRAPPIST-1, y otros tres que están más alejados de ella. Desde la superficie de TRAPPIST-1 e, su sol debe de parecer un disco rojizo cuatro veces más grande que nuestro astro rey. Los tres planetas interiores deben de tapar una pequeña parte de la luz estelar cada pocos días, cuando pasan entre TRA-PPIST-1 e y su sol rojo.

Este sistema planetario está tan lleno de cuerpos celestes que los planetas TRAPPIST-1 d y TRAPPIST-1 f deben de parecer tan grandes como nuestra Luna en el cielo nocturno de TRA-PPIST-1 e en el momento de mayor cercanía, cuando los planetas se hallan en el mismo lado del sol rojo. TRAPPIST-1 c debe de parecer casi tan grande como nuestra Luna, y TRAPPIST-1 b y TRAPPIST-1 g, de la mitad de tamaño cuando están más cerca. TRAPPIST-1 h debe de parecer el más pequeño de los planetas del sistema: aproximadamente, una quinta parte del tamaño de nuestra Luna. Imaginemos un cielo lleno de planetas del tamaño de la Luna donde los más próximos a la estrella madre tuvieran también fases, igual que nuestro satélite. Desde la perspectiva de TRAPPIST-1 e, los planetas interiores crearían un fascinante espectáculo de fases planetarias mientras giran en torno al sol rojo. Y podríamos ver nuestro Sol desde los planetas que giran alrededor de TRAPPIST-1 como una hermosa estrella amarilla en su cielo nocturno.

Aún no sabemos cómo son esos planetas, pero el JWST nos lo dirá. Ahora está observando el sistema TRAPPIST-1. En este mismo momento. Mientras escribo esto. Los datos pasarán por las cadenas de código informático, conocidas como *canalización de datos*, para que sea posible desentrañar sus secretos. Me parece increíble que ahora mismo, muy por encima de mi cabeza, el JWST esté escudriñando la atmósfera de esos mundos y analizando su composición simplemente porque le dimos esas instrucciones. Son las ideas humanas las que hacen funcionar ese imponente telescopio. Tardaremos algún tiempo en recibir los datos necesarios para determinar la composición del aire de esos mundos, porque, aunque los planetas de TRAPPIST-1 situados en su zona de habitabilidad tengan una trayectoria tan ajustada, los astrónomos no pueden observarlos cada vez que pasan entre nosotros y su estrella. A veces el Sol se mete por medio, lo que nos obliga a proteger de su potente luz los sensibles detectores del JWST. Además, incomprensiblemente, al menos para mí, el telescopio tiene otras cosas que hacer aparte de explorar nuevos mundos en busca de señales de vida; también ayuda a los científicos a comprender, por ejemplo, cómo se forman las galaxias y qué finalidad tienen los agujeros negros. Los telescopios espaciales dedican solo parte de su tiempo a observar nuevos mundos. Pero nosotros ya hemos empezado a analizar su atmósfera.

Un mundo situado en el límite

Cuando era pequeña oía decir constantemente que las matemáticas y las ciencias eran difíciles y aburridas. Se lo oía decir a compañeros del colegio y también lo oía en las series de televisión y en las conversaciones entre adultos. Ese estereotipo es falso. A menudo se omite en esas conversaciones el vínculo que hay entre nuestro mundo y las matemáticas. No habría GPS sin la teoría de la relatividad de Einstein. Puesto que los satélites GPS circulan muy por encima de la superficie terrestre y se desplazan a gran velocidad, la relatividad explica la rapidez con que transcurre el tiempo a bordo de las naves espaciales. Sin las matemáticas y las ciencias no podríamos usar un teléfono móvil o un ordenador. Los automóviles, los aviones, la electricidad, la energía, los aparatos médicos...; la lista de cosas que usamos a diario y que se basan en las ciencias y las matemáticas es desconcertante. Además, parece un secreto bien guardado el hecho de que la ciencia es un ejercicio internacional y que, por tanto, nos da la oportunidad de viajar, aprender y contrastar ideas con personas muy interesantes y de procedencia muy diversa. Normalmente, entre esas personas no hay estrellas de rock. Mientras estoy sentada en una sala de conciertos con capacidad para seis mil personas viendo a Brian May, de Queen, hacer las pruebas de sonido, con un aire acondicionado que de poco sirve contra el calor armenio, me pregunto cómo he llegado aquí.

Hay miles de asientos vacíos —unos 5.960— a mi alrededor. Esta noche estarán ocupados, pero no se le permite a nadie hacer pruebas de sonido, salvo a los músicos y a unos cuantos científicos que harán sus propias pruebas más tarde. El Festival Internacional Starmus fue una creación del astrónomo hispano-armenio Garik Israelian y del músico británico Brian May, que tiene un doctorado en Astronomía. Es un homenaje a la música, la investigación, la ciencia y el arte. Atrae a músicos, premios nobel, artistas, escritores y científicos que quieren compartir sus pasiones con todo el mundo. En 2022 se celebró en Ereván, la capital de Armenia.

La noche anterior estuve tomando copas y comiendo pizza en la azotea de nuestro hotel de la plaza central con los músicos de la banda Sons of Apollo; hablamos de la vida en el cosmos, del universo y de qué explicación daban los científicos a su constante expansión, y luego pasamos sin interrupción a los misterios de la música que nos une a todos. Estoy segura de que los chavales prestarían más atención en las clases de matemáticas y de ciencias si supieran que el cosmos les resulta fascinante hasta a las estrellas de rock.

Yo había subido a la azotea porque necesitaba mirar las estrellas para descansar un poco de tanto escribir sobre ellas. La astrónoma belga Laetitia Delrez se había puesto en contacto conmigo porque ella y su equipo habían descubierto un enigmático mundo gracias al proyecto SPECULOOS (Search for habitable Planets EClipsing ULtracOOl Stars [Búsqueda de planetas habitables que eclipsan estrellas ultrafrías]), el cual utiliza telescopios situados en Chile, España y México: SPECULOOS-2 c.

COMO EN CASA, EN NINGÚN SITIO

Se trata del mismo equipo que localizó los planetas de TRA-PPIST-1 que mencionamos antes, un equipo que es ingenioso y divertido hasta en la elección de nombres: Speculoos es el nombre de unas galletas tradicionales belgas, y Trappist, el de una cerveza del mismo país.

SPECULOOS-2 c (también llamado LP 890-9 c) gira en torno a una pequeña estrella roja situada a cien años luz de la Tierra, y se trata de un planeta que se encuentra en el límite de la zona de habitabilidad de su estrella. Con una antigüedad de siete mil millones de años, este planeta es un poco más grande que la Tierra y tarda un poco más de una semana en completar el movimiento de traslación. Cuando examiné los datos, me di cuenta de que era o bien una pujante Tierra cálida, o bien un desolado Venus. Y de que podría ser ambas cosas. Lo que lo hacía tan especial para mí era que se trataba del eslabón perdido entre lo idóneo y lo demasiado cálido. Su estudio nos dará algunas pistas sobre lo que sucede cuando la luz solar inunda constantemente un planeta rocoso. Todas las estrellas se vuelven más luminosas con el tiempo, incluso nuestro Sol. En un futuro muy lejano, dentro de unos quinientos millones de años, la Tierra se calentará tanto que los océanos comenzarán a evaporarse, y en nuestro planeta hará un calor bochornoso antes de convertirse en otro Venus. En el transcurso de quinientos millones de años se pueden hacer muchas cosas. Una idea para proteger nuestro planeta, la cual parece sacada directamente de una novela de ciencia ficción, consiste en desplegar enormes paraguas que bloqueen parte de la luz solar. O la humanidad podría construir ciudades y parques naturales en enormes estaciones espaciales que viajen por el sistema solar y más allá y no dependan de ningún planeta.

Es ahí donde entra en escena SPECULOOS-2 c. Se trata de un mundo situado justo en el límite de la zona en que los océanos supuestamente empiezan a evaporarse. Si todavía es una próspera y cálida Tierra, entonces tenemos un poco más de tiempo antes de que nuestro planeta sea verdaderamente inhóspito. Si ya es otro

Venus, quizá tengamos un poco menos de tiempo del que pensábamos (cientos de millones de años, aun así). Después de la conversación en la azotea bajo las estrellas, yo seguí trabajando en un modelo para ese asombroso nuevo mundo.

Aquí, con la luz vespertina bañando el complejo deportivo y musical de Ereván, mientras escucho a Brian May y a Ron Thal ajustando el sonido, las espectaculares vibraciones de las dos guitarras se asocian para siempre en mi cabeza a las imágenes de un nuevo mundo en la frontera de la habitabilidad, arrinconado entre Venus y la Tierra.

Antiguos mundos

En las películas de ciencia ficción, mundos jóvenes y antiguos conforman el mapa estelar por donde se mueven las sagas de *Star Wars* y *Star Trek*. En realidad, ¿hay planetas mucho más antiguos que el nuestro? Pues resulta que sí, y son mucho más antiguos. Lo cual no es de extrañar, porque la Tierra lleva dando vueltas por ahí desde hace solo un poco más de una tercera parte de la vida del universo. Con la muerte de cada estrella queda disponible más material pesado para la formación de otros planetas, sobre todo los pesados. Cuanto más joven sea la estrella, menos planetas rocosos esperan encontrar los astrónomos. Pero un sistema estelar muy antiguo, Kepler-444, situado cerca de la constelación de la Lira, nos tenía reservada una sorpresa: no solo tres estrellas —Kepler-444 A, Kepler-444 AB y Kepler-444 C— giran las unas alrededor de las otras, sino que en 2015 la misión Kepler descubrió cinco planetas cálidos, más pequeños que la Tierra, que rodeaban muy de cerca a Kepler-444 A. Los cinco planetas completan el movimiento de traslación en menos de diez días, y calificarlos de *achicharrantes* es quedarse corto. Son demasiado cálidos para contener océanos de agua. Pero estos mundos son más pequeños que la Tierra y, como ya sabemos, los planetas que tienen como

COMO EN CASA, EN NINGÚN SITIO

mucho un tamaño dos veces menor que el de la Tierra son rocosos. Eso significa que cinco antiguos planetas pétreos giran en
torno a esa vieja estrella anaranjada. El sistema Kepler-444 tiene
una antigüedad de unos once mil millones de años, esto es, más
del doble que nuestro sistema solar. Como ya vimos, eso significa
que estos mundos rocosos ya eran más viejos que la Tierra cuando
esta se formó.

El sistema Kepler-444 no es el único ejemplo que hemos detectado de mundos antiguos. El cosmos da cobijo a muchos sistemas planetarios antiguos. Si alguno de ellos alberga vida, podría
servirnos para vislumbrar nuestro posible futuro y para saber qué
debemos hacer y qué debemos evitar. El sistema Kepler-444 se
encuentra a unos 117 años luz de nosotros. Eso significa que su
luz tardó 117 años en llegar a nuestro planeta y que, dentro de
unos años, las primeras señales de radio de la Tierra, que empezaron a emitirse hace unos cien años, llegarán a esos antiguos mundos. No sé cómo será la vida en mundos en los que esta nos lleva
una ventaja de miles de millones de años. No tenemos ningún
punto de referencia para establecer una comparación, pues nuestro único modelo es la vida sobre la Tierra. Creer que seremos
capaces de encontrar signos de vida en mundos antiguos depende
de lo optimistas que seamos. Mi mente imagina los fascinantes
paisajes de ciencia ficción a partir de las pocas líneas de código
informático que aparecen en la pantalla de mi ordenador, en el
que estoy probando modelos de la posible evolución de la Tierra.
Como sucedió en el pasado, la composición química del aire cambiará en el futuro, a menos que consigamos estabilizar la Tierra
manteniendo unas condiciones ambientales perfectas para la humanidad. La búsqueda de otras tierras puede darnos algunas pistas sobre cómo lograr ese objetivo.

Cómo se organiza una misión espacial: TESS

Por cada misión espacial de la que oímos hablar, como el Hubble o el JWST, hay cientos que no pasaron de la fase de diseño. Pensemos en ello como si se tratara de crear una de las mejores empresas comerciales. Necesitamos una idea brillante, una idea que revolucione todo lo que conocemos hasta ahora, además de un excelente equipo que la saque adelante, y luego tenemos que convencer a miles de personas de que esa idea es perfecta. Más de treinta años transcurrieron entre el lanzamiento del Hubble y el del JWST. Los telescopios más pequeños, como las empresas más pequeñas, son un poco más sencillos, y con «un poco más sencillos» me refiero a que no se ponen en marcha cada tres décadas, si bien hay muchas más ideas que se disputan ese privilegio. La idea brillante tiene que llegar también en el momento adecuado para satisfacer una necesidad apremiante. Recordemos que Borucki propuso la idea del Kepler muchas veces antes de que por fin fuese tenida en cuenta, y desde entonces ha revolucionado nuestra visión del cosmos y el lugar que ocupamos en él. El telescopio Kepler ha descubierto más de dos mil quinientos exoplanetas.

Pero la misión Kepler, a pesar de todos los descubrimientos que ha hecho, nos ha dejado un problema evidente. Para calcular cuántos planetas hay por estrella, el telescopio tenía que observar cientos de miles de estrellas al mismo tiempo. Para que cupieran en el área de visualización, todas esas estrellas debían estar muy lejos. Su área de búsqueda en el cielo era aproximadamente del tamaño de una mano vista con el brazo extendido. El Kepler descubrió miles de mundos asombrosos situados por término medio a una distancia de miles de años luz, es decir, demasiado lejanos para poder explorarlos detenidamente. Durante mi estancia en Harvard, intercambié ideas con mis colegas del MIT y de todo el país sobre cómo abordar el mayor problema al que nos enfrentábamos en la búsqueda de vida: cómo encontrar exoplanetas habitables que estuviesen también cerca de la Tierra. Lo que necesitábamos era un telescopio que pudiera buscar exoplanetas en las estrellas más próximas. Eso sería muy fácil si dispusiéramos de todo el dinero y todo el tiempo que quisiéramos. Pero las propuestas que los científicos presentan a la NASA o a cualquier otra agencia espacial se topan con el inconveniente de que estas cuentan con un presupuesto muy ajustado que depende del presupuesto global y de la lista de proyectos que tengan en marcha. Sabíamos que el JWST era nuestra primera opción para la búsqueda de signos de vida en planetas cercanos, por lo que debíamos presentar un telescopio espacial relativamente barato que pudiese escudriñar todo el cielo en busca de exoplanetas habitables en torno a las estrellas más próximas. Básicamente, teníamos que diseñar un telescopio que crease una lista de los mejores objetivos para el JWST. Lo siguiente, como en todo diseño aeroespacial, es encontrar un delicado equilibrio entre la ambición y los costes.

Me uní a un tenaz equipo de científicos e ingenieros, muchos de los cuales habían participado en la misión Kepler. Presentamos a la NASA nuestro mejor plan para un buscador de planetas, al que denominamos TESS (Transiting Exoplanet Survey Satellite [Satélite de sondeo de exoplanetas en tránsito]). Estas propuestas deben ajustarse a determinados formatos, lo cual es lógico si tenemos en cuenta que otros científicos las leerán y evaluarán. Trabajar para dar vida a una nueva idea es apasionante, pero hay que encontrar un equilibrio entre la pedagogía, la investigación, la elaboración de propuestas y solicitudes, la tutoría y la divulgación. Con tantísima competencia, las propuestas deben ser brillantes, fáciles de entender, convincentes y no demasiado extensas. Eso es mucho más restrictivo de lo que parece. Ya ni me acuerdo de cuántas veces escribimos y reescribimos cada página, defendiendo nuestro punto de vista, corrigiendo errores de argumentación y respondiendo a todas las preguntas que nos pudiese hacer un examinador. Y ese es solo el aspecto científico de la propuesta. Luego está la parte económica, de la que yo por suerte no me ocupaba entonces. Los principales investigadores de las misiones espaciales deben asegurarse de que el fundamento científico, los paquetes de trabajo y las personas asignadas a ellos son idóneos y de que el presupuesto no supera el límite permitido. Se pueden recibir miles de propuestas, y la vuestra será juzgada con relación a ellas. Así pues, como tenga el menor fallo, olvidaos de vuestras posibilidades de triunfar.

Teníamos dos años hasta la fecha fijada para el lanzamiento del JWST. Para buscar mundos potencialmente habitables en todo el cielo durante ese período, es necesario dedicar al menos un mes por cada estrella; el telescopio examina todo el cielo septentrional, y luego el cielo meridional al año siguiente. Lo ideal es tener mucho más tiempo por estrella para poder encontrar planetas que tarden más tiempo en dar una vuelta a su alrededor. Un planeta situado en la zona de habitabilidad de su sol tarda un año terrestre en completar el movimiento de traslación; por suerte, en el caso de las estrellas rojas ese tiempo se reduce a un mes. Pero, afortunadamente, el cielo parece una cúpula para la nave espacial, de modo que las estrellas situadas en el punto más alto de la cúpula aparecen en todas las fotos y se pueden observar durante mucho más tiempo porque las imágenes de las cámaras se superponen en ese punto.

Si no conocemos el número de planetas por estrella, escudriñar el cielo es mucho más difícil. Dejaremos de detectar muchos planetas porque no podemos ver el cambio de brillo de una estrella si no la estamos observando. Con solo un mes de tiempo de observación, nos perderemos cualquier atenuación que se produzca durante los otros once meses. Pero el telescopio Kepler había demostrado que casi todas las estrellas tienen algún planeta. Con tantísimos planetas en el cielo, fue posible observar las estrellas durante poco tiempo en vez de estar examinándolas ininterrumpidamente durante varios años, lo que nos dio la posibilidad de proponer un telescopio pequeño pero potente: TESS. Lleva solo cámaras de 10 centímetros a bordo, pero escudriña todo el cielo con el fin de detectar minúsculos cambios en el brillo de las

COMO EN CASA, EN NINGÚN SITIO

estrellas más cercanas, fisgoneando así nuestro patio trasero en busca de nuevos mundos.

El despegue del TESS era el primer lanzamiento de un cohete que presenciaba. Convertimos aquella ocasión en un viaje familiar: hicimos las maletas para ir a la soleada Florida desde Ithaca, donde seguía haciendo bastante frío pese a estar en primavera, y dejamos nuestros abrigos de invierno en el maletero del coche en el aeropuerto. Con el código QR en mi móvil, que nos identificaba como invitados especiales de la NASA para el lanzamiento, nos pusimos en marcha. Al llegar a Orlando, fuimos rumbo a Cabo Cañaveral y nos registramos en un hotel junto a la playa. Mientras hacíamos castillos de arena, mi hija, que entonces tenía cuatro años, y yo divisamos a lo lejos la pista de lanzamiento, donde nuestro pequeño telescopio aguardaba el gran día. El Centro Espacial Kennedy estaba lleno de astrónomos procedentes de todo el mundo que formaban una divertida mezcla de colegas, con desfase o semidesfase horario, cuyos críos jugaban a perseguirse. Años de planificación, trabajo y esperanza habían hecho posible aquel momento, y el centro estaba repleto de miembros del gran equipo que había convertido el TESS en una realidad. Me encontré con muchos de ellos por primera vez en aquel hermoso enclave enmarcado por el sol y las grandes esperanzas. Conocía a muchos científicos, pero no a los ingenieros que construyeron el telescopio. Hace falta un pueblo internacional para poner un telescopio en órbita. En el aire flotaba la expectación, la esperanza y un poco de preocupación contenida con respecto al éxito del despegue.

El lanzamiento se retrasó dos días a causa de un problema con el combustible, lo que nos hizo perder el vuelo de vuelta. Pero mi hija no iba a la escuela todavía, y uno de mis compañeros tuvo la amabilidad de sustituirme esa semana. Así que pudimos quedarnos en Florida para ver el despegue de nuestra pequeña nave espacial. Todos los días, mis alumnos esperaban ansiosos recibir noticias del lanzamiento (y pegatinas de la operación).

206 MUNDOS EXTRATERRESTRES

El 18 de abril de 2018, el TESS despegó de Cabo Cañaveral con un Falcon 9 para comenzar a examinar el cielo en busca de los mundos más cercanos. Nos sentamos en las gradas que hay junto al Centro Apolo/Saturno V, donde se exhibe el enorme cohete Saturno V, que relacionaba nuestro lanzamiento con toda la historia de los viajes espaciales. Yo estaba que me caía del asiento mientras repetía la cuenta atrás con mi hija: «Diez, nueve, ocho, siete, seis, cinco, cuatro, tres, dos, uno». Entonces el cohete despegó y enseguida se convirtió en un diminuto punto de luz, avanzando cada vez más deprisa hacia su destino. Recuerdo claramente los abrazos y las sonrisas eufóricas de los cientos de personas que formaron parte de aquel momento de esperanza que tendió un puente entre el tiempo y el espacio y que puso nuestra misión en la senda de la creación de la mejor lista de objetivos para la búsqueda de vida cerca de la Tierra: un perfecto día de lanzamiento.

Después fuimos a celebrarlo con unos amigos a un *hibachi* japonés. El chef prendió fuego a un volcán de cebollas para mi niña. Si le preguntan a mi hija por el viaje a Florida, mencionará el volcán de cebollas. Y a lo mejor también dirá que vio un cohete que lanzaba la misión de mamá hacia el espacio. A lo mejor.

TESS sigue escudriñando el cielo en busca de los planetas más cercanos, incluidos aquellos que se parecen a nuestro mundo. Destinos misteriosos para los futuros exploradores, incluidos algunos que nadie se esperaba.

PLANETAS EN TORNO A CADÁVERES ESTELARES: PLANETAS BLANCOS ENANOS

En 2020, TESS descubrió un planeta que, en teoría, no debería existir: WD 1586 b, un gigante gaseoso que gira en torno a la corteza de una estrella muerta, una enana blanca. El hecho de que el planeta hubiese sobrevivido a la desaparición de su estrella fue un descubrimiento extraordinario que nos llevó a preguntarnos cómo era posible que un planeta sobreviviese a la muerte de su estrella.

Recordemos que, cuando una estrella como el Sol se muere, la fusión nuclear que se produce en su núcleo se detiene definitivamente; el núcleo ya no volverá a ser lo bastante denso y caliente para fusionar elementos ligeros con otros más pesados.

La producción de energía de una estrella no es uniforme; el motor de fusión titubea y vuelve a arrancar tras cada etapa. Imaginemos un coche viejo en una gélida mañana de invierno. El auto arranca y se ahoga, pero, después de unos intentos, al final se pone en marcha; hasta que un día ya no hay nada que hacer. El coche ha muerto. Para el conductor, metido en un coche helado, es toda una faena. Para una estrella como nuestro Sol y sus planetas, es una catástrofe. La fusión nuclear se interrumpe, y la masa pesada que continuamente intentaba descender hasta el núcleo, pero que era mantenida a raya por la energía procedente de la fusión, ahora se precipita sin impedimentos sobre aquel. El centro de un átomo está formado por protones y neutrones, y los electrones zumban a su alrededor. Cuando la masa de las capas exteriores de la estrella choca contra el núcleo, los electrones se arremolinan. Pero los electrones, por lo general, no pueden estar en el mismo sitio al mismo tiempo, por lo que la materia que choca contra el núcleo rebota y es expulsada de la estrella formando una magnífica nebulosa planetaria que contiene aproximadamente la mitad de la masa de la estrella original.

Así queda al descubierto el núcleo abrasador de una estrella muerta como nuestro Sol, que es solo un poco más grande que la Tierra, una enana blanca. Es lo único que queda de una estrella brillante que ha llegado al final de su vida, susurrando historias de un viaje cósmico. Una cucharadita de una enana blanca pesa unas quince toneladas. Para hacernos una idea, una ballena azul adulta pesa en torno a cien toneladas, como ya dijimos antes. Así pues, unas siete cucharaditas de la materia de una enana blanca pesan lo mismo que una ballena azul.

La desintegración de aproximadamente la mitad de la masa de la estrella altera el delicado equilibrio existente entre la atracción que ejerce sobre sus planetas y la contrapresión de estos: los planetas chocan contra la estrella o salen despedidos hacia el espacio. La etapa de enana blanca era el final de la historia para los planetas de una estrella grande, o eso creíamos hasta septiembre de 2020.

Siempre me había preguntado si la vida en un planeta podría continuar tras la muerte de su estrella. Antes incluso de que TESS descubriese WD 1586 b, mi equipo simuló las condiciones que se darían cerca del núcleo desnudo de una estrella muerta, y, por tanto, también lo que sucedería con nuestro sistema solar en un futuro lejano. Descubrimos que la zona de habitabilidad de los cadáveres estelares puede subsistir miles de millones de años. Eso sería como la resurrección de la vida. Pero a lo mejor la vida sería incluso capaz de sobrevivir a la catástrofe de la muerte de una estrella, resguardada en algún lugar bajo la superficie del planeta.

La mayoría de las estrellas, como nuestro Sol, terminarán convirtiéndose en enanas blancas. Imagina un universo en un futuro lejano con una gran cantidad de restos estelares que se van enfriando lentamente y se van oscureciendo poco a poco en el cielo nocturno. Antes los astrónomos pensaban que en el cosmos del futuro reinaría el silencio absoluto porque los planetas no podrían sobrevivir a la desaparición de sus estrellas. Pero quizá no sea así; a lo mejor el cosmos rebosará de nuevas formas de vida o de tenaces supervivientes. Eso depende de qué planetas y qué formas de vida sean capaces de sobrevivir. ¿Cómo llegó el planeta que descubrió TESS adonde está ahora? De momento solo se nos ocurre que se trata de una migración. Lo más probable es que inicialmente el planeta orbitase a gran distancia de su estrella, que sobreviviese a la muerte de esta y que luego fuese atraído hacia el centro. En cualquier caso, ahora gira tranquilamente alrededor de la enana blanca. De alguna forma tuvo que llegar allí, y a nosotros nos toca averiguarlo. Y, cuando lo hagamos, podremos añadir un nuevo capítulo a la historia de la supervivencia planetaria.

El futuro del cosmos, bullicioso, lleno de vida y tal vez rebosante de supervivientes planetarios, está de nuevo en juego. Todavía no sabemos si la vida puede subsistir en esos planetas, pero en septiembre de 2020 aprendimos que los planetas son capaces de sobrevivir a la muerte de su estrella, dándole a la vida una nueva oportunidad.

PLANETAS EN TORNO A CADÁVERES ESTELARES AÚN MÁS EXTRAÑOS: LOS PÚLSARES

En el caso de las estrellas que tienen unas ocho veces la masa del Sol, la muerte estelar es extremadamente violenta. Recordemos que, cuando la fusión nuclear se detiene y el equilibrio se deshace, el núcleo implosiona con una fuerza inimaginable. La enorme masa que choca contra el núcleo abierto pesa tanto que lo comprime hasta convertirlo en una estrella de neutrones. La masa que se colapsa empuja los electrones hacia el centro del átomo, anulando la fuerza que fue capaz de mantener separados los electrones de los protones durante un período de tiempo incalculable. Los electrones y los protones son sometidos a tanta presión que se convierten en neutrones fuertemente compactados. Los neutrones consiguen finalmente repeler la masa que se les viene encima, estabilizando el densísimo cadáver estelar, creando una estrella de neutrones y provocando una espectacular explosión cósmica.

Supón que golpeas con un martillo una bola de goma que está en el suelo. Al principio el martillo comprime la goma, pero luego la densidad y la presión de la bola frenan el movimiento de aquel. El martillo rebota violentamente. Las capas exteriores de la estrella que caen hacia el centro equivalen al martillo, y el núcleo, a la bola de goma, preparando así el terreno para una tremenda colisión. Esto provoca una onda de choque en expansión hacia el exterior de la estrella de neutrones, creando la presión y las temperaturas necesarias para generar elementos más pesados que el hierro.

La envoltura de gas y polvo en expansión se asemeja a los restos de una supernova como la nebulosa del Cangrejo, que los astrónomos chinos describieron hace casi mil años como una nueva estrella en la constelación de Tauro.

Una cucharadita de la materia de la que está hecha una estrella de neutrones pesa unos cuatro mil millones de toneladas; es tan densa que una cucharadita de materia de neutrón pesa como cuarenta millones de ballenas azules. Cuando las estrellas son incluso más masivas —unas treinta veces más que el Sol—, ni siquiera los neutrones pueden vencer a la gravedad. Esta sigue comprimiendo el núcleo y estruja aún más los compactados neutrones, formando así un agujero negro.

Un agujero negro es lo que queda del núcleo tras la explosión de una estrella supermasiva. Es un nuevo cuerpo celeste, una singularidad del espacio poseedora de una descomunal gravedad que supera con creces hasta las estrellas de neutrones. La atracción gravitacional de un agujero negro es tan desmesurada que puede capturar la luz y mantenerla girando alrededor de su centro.

Pero volvamos a las estrellas de neutrones. Si observamos una de ellas con detenimiento, un impulso energético nos rozará cada vez que aparezca el polo magnético en rápida rotación. Imaginémoslo como si se tratara del destello de un faro. Estos subconjuntos de estrellas de neutrones reciben el nombre de *púlsares*. Recordemos el mapa que figura en la cubierta del disco de oro, en el que se muestra la posición de la Tierra con relación a los púlsares, cada uno de los cuales lleva su propia frecuencia de pulso para facilitar su identificación, lo que los convierte en excelentes puntos de referencia en un mapa cósmico. Y los púlsares —en especial, los púlsares de milisegundos— se encuentran entre los mejores relojes del cosmos.

En 1992, el astrónomo polaco Aleksander Wolszczan, desde el observatorio portorriqueño de Arecibo, observó una anomalía en la señal de uno de esos púlsares de milisegundos, situado a 2.300 años luz en la constelación de Virgo. La extraña señal procedía de PSR B1257+12. Las radiaciones de este púlsar solo se desviaban una mínima fracción. Ello se debía a la presencia de tres objetos, dos de los cuales eran unas cuatro veces más masivos que la Tierra y el otro tenía solo el 2 % de su masa, pero entre los tres tiraban del púlsar de milisegundos. Hay muchas preguntas sin respuesta respecto a la formación de ese extraño sistema y a si esos cuerpos celestes son exoplanetas, núcleos al descubierto u objetos atrapados que se acercaron demasiado al púlsar. La explosión provocada por una estrella de neutrones es gigantesca, por lo que aún no se sabe con certeza por qué esos objetos giran alrededor del púlsar. Durante las décadas posteriores a ese descubrimiento solo se encontraron unos pocos objetos más en torno a los púlsares. Al parecer son muy escasos, lo que de momento nos impide averiguar cómo llegaron allí y qué aspecto tienen.

Un sistema todavía más extraño —PSR B1620-26— fue descubierto a 12.400 años luz de la Tierra en el cúmulo globular Messier 4, en la constelación de Escorpio. Se trata de otro púlsar, pero no está solo en su danza gravitacional, pues cuenta con una compañera, en concreto una enana blanca. En este sistema hay un objeto que tiene dos veces la masa de Júpiter y que gira alrededor de ambos cadáveres estelares. Este planeta se llama PSR B1620-26 (AB) b; AB indica que gira en torno a dos núcleos astrales, para lo que tarda decenas de miles de años. Cientos de miles de generaciones de hombres habrán vivido y muerto en lo que dura un año en PSR B1620-26 (AB) b. Los astrónomos no creen que esos planetas alberguen vida a causa de la tremenda explosión a la que sobrevivieron y a la potentísima radiación del púlsar vecino. El objeto PSR B1620-26 (AB) b tiene otra característica distintiva: si se formó al mismo tiempo que su anfitriona, debe de ser antiquísimo (unos trece mil millones de años).

Pero, por muy extraños que sean esos mundos que giran en torno a cadáveres siderales, los hay que son todavía más extraños.

Vagabundos solitarios

Los planetas errantes no tienen estrellas. Yerran solos por el espacio eternamente —vagabundos solitarios que se han perdido en la interminable oscuridad—, sin estrella alguna que les alumbre el camino. Probablemente, esos planetas fueron expulsados de su sistema solar hace mucho tiempo, cuando se producían colisiones entre mundos recién formados. Cuando la antigua colisión con un objeto del tamaño de Marte dio como fruto la Luna, la Tierra, por suerte, no fue expulsada de nuestro sistema solar. La ciencia ficción juega con la idea de mundos errantes como Mongo, donde se desarrollan los cómics de *Flash Gordon*, de Alex Raymond, en la década de 1930 (aunque sigue sin quedar claro cómo es que había apacibles zonas climáticas en un planeta que carecía de sol). Nótese que en versiones posteriores, como la serie de dibujos animados que se emitió en 1996, el planeta gira en torno a una estrella.

En 2017, el proyecto polaco OGLE (Optical Gravitational Lensing Experiment [Experimento de lente óptica gravitacional]) descubrió los primeros planetas errantes. Hasta ahora se han localizado diez planetas vagabundos, lo que nos hace pensar que hay muchos más objetos de ese tipo. Es probable que algunos de ellos tengan una masa similar a la de la Tierra, como OGLE-2016-BLG-1928L b, que los polacos dieron a conocer en 2020. No todos los planetas tienen infancias tranquilas que les permiten permanecer en su lugar de origen, como ya hemos visto. Muchos son zarandeados por la gravedad y el ajetreo de un disco joven y se ven obligados a emigrar. Las migraciones moldean los exoplanetas que vemos girar en órbita alrededor de otras estrellas. Unos planetas migran hacia dentro, otros hacia fuera, hacia el límite de su sistema solar y más allá, en función de su velocidad, y algunos chocan entre sí. Esas colisiones pueden llegar a ser muy violentas, como la de dos coches de carreras que chocan frontalmente; tan violentas que un planeta puede salir de su sistema solar y terminar vagando para siempre por el glacial —y casi siempre vacío— espacio interestelar. Esos mundos cada vez más fríos vagan solos por el universo, pero ¿son en realidad tan fríos que ya no tienen posibilidad de nada? ¿O cuentan todavía con alguna probabilidad de que surja en ellos la vida gracias al calor residual de la formación del planeta? Perdidos en la oscuridad del cosmos, esos mundos seguirán siendo un misterio para nosotros porque no emiten ninguna luz que nos permita examinarlos.

MEJOR QUE *LA GUERRA DE LAS GALAXIAS*

Imaginemos que estamos sentados en un cine: las luces se apagan y la pantalla nos transporta a un planeta de una galaxia muy lejana. Por las grandes dunas, parece que estamos en un desierto. El paisaje inhóspito se extiende bajo la luz de dos soles, Tatoo I y Tatoo II. Este mundo del universo de *La guerra de las galaxias*, Tatooine, ha fascinado a millones de espectadores desde 1977. Es el lugar de nacimiento del *jedi* Luke Skywalker. Ese extraño y fascinante mundo brotó de la imaginación humana, pero, solo treinta años después de la proyección de aquellas fabulosas imágenes en las salas de cine, los científicos descubrieron un mundo real que se parecía a Tatooine. Y la idea de unos planetas que se desplazan alrededor de más de un sol no es exclusiva del universo de *La guerra de las galaxias*; Gallifrey, el planeta ficticio donde nació el enigmático Doctor Who, también gira en torno a dos estrellas.

Situado a doscientos cincuenta años luz de la Tierra, el planeta Kepler-16 b, descubierto en 2011 por la misión Kepler, describe una órbita alrededor de un par de estrellas. Estas dos estrellas, una de color naranja y un poco más pequeña que nuestro Sol, y la otra pequeña y roja, crean en el cielo un espectáculo que se parece un poco al imaginario Tatooine. Pero, a diferencia de este, Kepler-16 b es un planeta real como Saturno, una enorme bola de gas sin tierra firme. Aún no sabemos si Kepler-16 b tiene una luna rocosa, pero, si la tuviera, sería una mezcla de panoramas de la ciencia ficción —el Tatooine de *La guerra de las galaxias* combinado con la luna Pandora de *Avatar*— en la que podría haber un cielo más espectacular que los que hasta ahora se les han ocurrido a los escritores de ciencia ficción. (Y, sí, no te cortes y utiliza esto para escribir un nuevo relato).

Acostumbrados a ver a nuestro solitario Sol en el cielo, nos resulta difícil imaginar otro sol en el firmamento. Pero más o menos la mitad de las estrellas aparecen de dos en dos, por lo que la mitad de los exoplanetas deberían tener también dos soles, como el imaginario planeta Tatooine. Sin embargo, el descubrimiento de planetas que giran en órbita alrededor de estrellas dobles, denominadas *binarias*, fue toda una sorpresa, pues los científicos creían que la atracción gravitacional de dos soles arrojaría al espacio exterior casi toda la materia con que se forman los planetas. Pero esos astros existen y giran en torno a una o a las dos estrellas. La atracción conjunta de dos soles sobre un planeta varía con el paso del tiempo, al igual que la luz que este recibe de sus dos estrellas. Algunos seguidores de la serie *Juego de tronos* dicen que las irregulares estaciones del continente Westeros se deben a la caótica atracción de dos soles en una configuración muy específica. Pero, incluso con dos estrellas, las condiciones climáticas de Westeros son muy difíciles de explicar.

En la mayoría de los planetas que giran en torno a dos estrellas no hay ningún caos estacional que haga variar demasiado las temperaturas. Cuando dos soles atraen a un planeta, este sobrevive durante miles de millones de años si da con una órbita estable, ya sea alrededor de una de las dos estrellas, si la otra está muy alejada, ya sea alrededor de ambas. En los dos casos, la luz que llega al planeta varía solo ligeramente con el paso del tiempo, creando en el cielo un fascinante paisaje bisolar sin apenas efectos secundarios. Imaginando la distancia máxima a la que podrían

COMO EN CASA, EN NINGÚN SITIO

moverse dos soles sin llegar a separarse, calculé dónde se encuentra la zona de habitabilidad de los pares de estrellas, un lugar en el que los ríos y los mares podrían resplandecer sobre la superficie del planeta bajo un cielo similar al de Tatooine. De modo que sí, Luke Skywalker pudo haber disfrutado de días templados bajo dos soles..., pero siempre me he preguntado dónde estaría la otra sombra.

Kepler-16b demostró también que a lo más que somos capaces de llegar es a vislumbrar el cosmos, a obtener una instantánea del dinámico universo que revela sus secretos cuando le place. Si nos pusiéramos a buscar ahora el planeta Kepler-16b, no lo encontraríamos. En 2011, cuando fue descubierto, estaba bloqueando una pequeña parte de la superficie de la primera estrella, y luego de la segunda. Pero, en 2018, Kepler-16b había desaparecido de nuestro campo visual; ¡ya no podemos ver su sombra! Se convirtió, para nosotros, en un mundo invisible, en uno más de los miles de millones que hay en el cosmos y que no podemos detectar. Pero sabemos que están ahí. La dinámica danza de las estrellas sigue mostrando y ocultando los espectaculares mundos que nos rodean. Todos los exoplanetas que hemos localizado apuntan a la existencia de una increíble diversidad de planetas en el espacio exterior.

Pero los planetas pueden tener más de dos soles en su cielo. Kepler-16b es un gigante gaseoso como Neptuno que, estando situado a unos ciento treinta años luz de la Tierra, gira alrededor de un sistema binario, el cual, a su vez, da vueltas en torno a otro lejano par de estrellas que deben de fulgurar en ese cielo nocturno. Kepler-16b lo descubrieron en 2012 dos aficionados a la astronomía que formaban parte de Planet Hunters, un proyecto científico en el que voluntarios de todo el mundo analizaron los datos enviados por el telescopio Kepler. En un principio recibió el nombre de PH1b (Planet Hunter 1). No hace falta ser un astrónomo profesional para sumarse a la búsqueda de nuevos mundos; por medio de proyectos ciudadanos de este tipo, las personas interesadas pueden ayudar a establecer la ruta de misiones reales o destinos futuros. Puedes descubrir tus propios mundos; al final del libro te explico qué es lo que hay que hacer.

Es posible que nuestros descendientes viajen a esos planetas y contemplen la luz de dos soles mientras ven cómo se mueven sus dos sombras.

Planetas de ciencia ficción

Entre los astrónomos que conozco, hay muchos a los que les gusta la ciencia ficción, y a veces quieren saber cómo poner en práctica los aspectos más interesantes de las tramas. Recuerdo estar sentada en un cine de Cambridge (Massachusetts) viendo con unos amigos la recién estrenada película *Avatar* en 2009, cuando de repente empezamos a discutir acaloradamente sobre si la sustancia que se extraía en la luna Pandora, el *unobtainium*, no se sacaría mejor echándole el lazo a una de las montañas flotantes que lo contenían, y sobre cómo echárselo, hasta que las miradas de los espectadores pusieron fin a nuestros cálculos.

Un astrónomo y buen amigo mío, el británico Jonathan McDowell, vive entre estanterías repletas de libros de ciencia ficción, entremezclados con la mayor colección de registros de todas las naves espaciales que se han lanzado hasta ahora, una colección que comparte en línea y que va creciendo a medida que reúne todos los registros que encuentra y fotocopia documentos guardados en los sótanos de todas las agencias espaciales que conoce. También tiene un juego de utensilios para el *sushi* con la forma de la nave Enterprise, así como una réplica de TARDIS, la máquina del tiempo del Doctor Who. McDowell organiza divertidos cumpleaños de temática marciana, con una ecléctica mezcla de comida roja —tarta de terciopelo rojo, lentejas rojas, frambue-

COMO EN CASA, EN NINGÚN SITIO

sas, tomates— y vasos de agua en equilibrio precario sobre barritas Mars (pues sí, hay agua en Marte; es un chiste malo de astronomía). La astronomía y la ciencia ficción pueden formar una estupenda combinación, pues permiten ver la vida de manera insólita, divertida y peculiar.

Algunas estrellas de exoplanetas reales ocupan un lugar especial en la ciencia ficción (y en nuestros corazones). En el entretenidísimo libro *Proyecto Hail Mary* (2021), el novelista Andy Weir narra las aventuras de un héroe a regañadientes, un astrobiólogo convertido en profesor de instituto que viaja a otro sistema solar para salvar la Tierra. No voy a destripar aquí la historia, pero en la novela se mencionan estrellas de verdad con exoplanetas conocidos: Tau Ceti y 40 Eridani.

Tau Ceti es una estrella solitaria unas dos veces más antigua que nuestro Sol y solo un poco más pequeña que este. Está a apenas doce años luz de nosotros; es decir, a la vuelta de la esquina. Resulta visible a simple vista por la noche y se encuentra cerca del ecuador celeste, en la constelación de Ceto, el monstruo acuático femenino. Desde Tau Ceti, nuestro Sol sería visible en el firmamento en la constelación de Bootes, el boyero, suponiendo que los futuros astronautas busquen esa constelación en un cielo extraterrestre. Por ser la gemela más cercana al Sol, aparece con frecuencia en numerosas novelas de ciencia ficción, entre las que cabe citar *Bóvedas de acero*, de Isaac Asimov, escrita en la década de 1950, *A Gift from Earth* (*Un regalo de la Tierra*), de Larry Niven, escrita en la década de 1960, *Aurora* (2015), de Kim Stanley Robinson, y *Proyecto Hail Mary*, de Andy Weir. Se ha informado de la existencia de cuatro planetas en la órbita de Tau Ceti, de los cuales al menos uno está situado en su zona de habitabilidad. Los planetas de Tau Ceti, mientras esperamos obtener más datos sobre ellos, ya están inspirando bizarras ideas para futuros viajes más allá de nuestro sistema solar.

El triple sistema estelar 40 Eridani está a unos dieciséis años luz de la Tierra y consta de una estrella naranja (40 Eridani A), una pequeña enana blanca (40 Eridani B) y un sol rojo (40 Eridani C). En la saga *Star Trek*, el planeta Vulcano, de donde es originario el comandante Spock, gira alrededor de 40 Eridani A. Para un observador situado en un planeta que girase en torno a 40 Eridani A, la pareja B-C parecería un poco más brillante que Venus en su cielo nocturno. Nuestro Sol se vería en la constelación de Hércules. En *Proyecto Hail Mary*, el imaginario planeta Erid —un denso planeta rocoso que se mueve a gran velocidad y en el que se alcanzan altas temperaturas— es el lugar donde viven una especie de arácnidos alienígenas y donde el principal personaje humano de la novela establece un divertido primer contacto con los extraterrestres. Erid se basa vagamente en la señal de un planeta situado en la órbita de 40 Eridani A.

Aunque en 2018 se registró una señal potencialmente exoplanetaria —que indicaba la posible existencia de un abrasador planeta en la órbita de 40 Eridani A—, los análisis hechos en 2023 sugieren que la señal es consecuencia de la actividad estelar y que no procede de un exoplaneta. Los astrónomos todavía no han encontrado ningún planeta en el sistema 40 Eridani, por lo que de momento no se sabe de ningún Vulcano ni de ningún Erid reales, lo que no significa que no pueda haberlos.

Una estrella de color naranja todavía más cercana, Épsilon Eridani, situada a unos diez años luz de la Tierra, también aparece con frecuencia en las obras de ciencia ficción; se menciona en la serie de televisión *Babylon 5*, rodada en la década de 1990, en videojuegos como *Halo* y *Race for the Galaxy*, y en novelas como *Los límites de la Fundación*, de Isaac Asimov, y *Espacio Revelación*, de Alastair Reynolds. Épsilon Eridani se ve a simple vista en la constelación del Erídano, el río. Desde Épsilon Eridani, el Sol sería visible a simple vista en la constelación de la Serpiente.

Épsilon Eridani y su exoplaneta gigante, Épsilon Eridani b, que tiene aproximadamente la mitad de la masa de Júpiter y da una vuelta a su estrella cada siete años, son muy jóvenes: entre

COMO EN CASA, EN NINGÚN SITIO

quinientos y mil millones de años de antigüedad. Por entonces, la vida en la Tierra estaba en su primera infancia. Épsilon Eridani b también se llama ahora Ran, la diosa nórdica del mar, nombre elegido entre las diferentes propuestas presentadas ante los directivos del proyecto NameExoWorlds.

Si hay una luna rocosa aún por descubrir alrededor de Épsilon Eridani b u otro exoplaneta rocoso, aún desconocido, este sistema puede ofrecer a los futuros viajeros espaciales otro destino misterioso inspirado en los mundos imaginarios de la ciencia ficción. Hasta ahora, los exoplanetas que hemos descubierto son más extraños y más apasionantes de lo que imaginábamos.

NUEVOS MUNDOS EN NUESTRO HORIZONTE CÓSMICO

Con los telescopios terrestres y espaciales, hemos comprobado que el universo está lleno de una fascinante variedad de planetas más diversos de lo que habríamos podido imaginar. Cuando nuestros antepasados miraron por primera vez las estrellas, miles de luces brillantes llamaron su atención. Ahora sabemos que esas luces brillantes tienen compañeros, los planetas que giran alrededor de ellas en un universo lleno de posibilidades.

Más de cinco mil nuevos mundos componen una imagen cautivadora:

1. Los júpiteres incandescentes fueron la primera gran sorpresa: exoplanetas increíblemente abrasadores y tan próximos a sus estrellas respectivas que sus capas exteriores se están evaporando parcialmente. Son más fáciles de descubrir que otros planetas.
2. En algunos exoplanetas el año dura menos de un día terrestre.
3. La mayoría de los planetas no están solos; casi todas las estrellas tienen más de un planeta (y casi la mitad de las estrellas

tienen también compañeras estelares). Espectaculares puestas y salidas de sol son habituales en el horizonte de los mundos que giran alrededor de dos estrellas.

4. Las rocas deberían evaporarse y volver a caer en forma de lluvia sobre los océanos de magma de los mundos rocosos más calientes que hemos descubierto; mundos de lava arrasados por la luz y el calor de la estrella vecina.

5. Entre los miles de planetas descubiertos hasta hoy, los astrónomos ya han identificado unos treinta y seis astros rocosos que obtienen de sus estrellas casi la misma cantidad de luz y calor que la Tierra recibe de nuestro Sol.

6. Todos los mundos potencialmente habitables que los astrónomos han descubierto hasta ahora tienen soles rojos en su cielo, porque generalmente es más fácil (y más rápido) detectar exoplanetas que giran en torno a estrellas rojas más pequeñas.

7. Algunos mundos antiguos eran ya más viejos que la Tierra actual cuando esta se formó hace unos 4.500 millones de años.

8. Varios de esos mundos antiguos sobrevivieron a las violentas explosiones de sus respectivas estrellas y ahora orbitan alrededor de cadáveres estelares.

9. Los planetas errantes ya no están sometidos a la influencia de ninguna estrella.

10. Al menos una de cada dos estrellas tiene uno o más planetas que giran a su alrededor.

11. Al menos una de cada cinco estrellas tiene uno o más planetas rocosos en su zona de habitabilidad, ese lugar privilegiado donde el agua líquida podría brillar en la superficie de un planeta.

Estos son solo algunos de los fascinantes descubrimientos que han modificado la imagen del mundo que tenían los científicos y han cambiado la idea que nos hacíamos del posible aspecto de los planetas. De entre los miles de exoplanetas que hemos descubierto, tal vez hayamos encontrado ya los primeros que podrían ser un mundo extraterrestre.

Habiendo doscientos mil millones de estrellas en nuestra galaxia, las probabilidades de encontrar vida extraterrestre parecen estar cada vez más a nuestro favor.

CAPÍTULO

7

En los umbrales del conocimiento cósmico

Cada punto del espacio es el centro de su propia esfera de tiempo cada vez más profundo, delimitada por un caparazón de fuego.

KATIE MACK,
El fin de todo (astrofísicamente hablando)

LA VISTA DESDE EL DESPACHO DE CARL SAGAN

Veo el mundo que me rodea desde una posición privilegiada, la misma que debió de tener Carl Sagan, un astrónomo visionario que compartió su pasión por el cosmos con todo el mundo, mientras escribía sus libros en este mismo despacho de la tercera planta del Edificio de Ciencias Espaciales de Cornell, en un rincón que parece extenderse hasta los árboles y arbustos de este verde campus situado en lo alto de una colina desde la que se divisa a lo lejos el lago Cayuga. Nunca conocí a Carl en persona. Me gustaría haberme cruzado con él en el pasillo o habérmelo encontrado en la cafetería de la planta baja y haber hablado con él de los nuevos mundos que estamos descubriendo. No obstante, su obra ha ejercido una enorme influencia sobre mí y ha despertado la curiosidad y la imaginación de todos los miembros del instituto que lleva su nombre y de muchas personas más.

Los árboles que se ven desde la ventana son un poco más altos ahora que cuando él estaba aquí; las faldas y el peinado de las alumnas son un poco más cortos; y las fórmulas, ideas y dibujos de la gran pizarra blanca tienen que ver con los exoplanetas y no con el disco de oro de la misión Voyager. Sin embargo, se trata en parte de la misma visión que tenía Carl cuando observaba la universidad en plena agitación a su alrededor y reflexionaba sobre los misterios del universo. Sospecho que era bastante más ordenado que yo; mis estanterías están a rebosar y mi escritorio está lleno de montones de papeles a punto de caerse. Pero percibo su curiosidad a mi alrededor. Cuando miro por la alta ventana, me pregunto si esta vista del viejo roble era también su favorita. Me gusta imaginar que lo veo entrar por esta misma puerta del despacho, que se acerca a las ventanas y que observa cómo se despliega el mundo ante sus ojos: un vínculo a través del tiempo.

Hace varios años, justo después de mudarme a Ithaca, fundé el Instituto Interdisciplinario Carl Sagan en la Universidad de Cornell y formé un equipo de mentes curiosas que estaban interesadas en la búsqueda de vida en el cosmos. Nuestra primera reunión tuvo lugar en el destartalado salón de actos. Convencí a diversos especialistas de distintas facultades de que asistiesen a la reunión prometiéndoles buen café, chocolate espeso y, sobre todo, un debate sobre la enigmática cuestión de cómo encontrar vida en el universo.

Desde aquel principio, han pertenecido a nuestro equipo miembros de quince facultades diferentes que representan disciplinas tan diversas como la astronomía, la biología, la química, la ingeniería, la música, la comunicación científica y las artes escénicas, con ideas y opiniones igual de diversas, pero a todos ellos los ha unido su interés por la búsqueda de vida en el espacio. La diversidad de acentos y modismos dan un toque de color a los animados debates entre eminentes catedráticos, investigadores y alumnos que acaban de matricularse en Cornell y sienten auténtico interés por la investigación científica. Hoy dos cafeteras exprés saturan el ambiente con el olor del café fuerte, y en la sala reinan la cordialidad y el buen humor cuando nos reunimos. Así son algunas de las tardes más interesantes de mi vida profesional.

La ciencia es como un rico tejido de conocimientos que abarca el tiempo y el espacio; una red invisible que se extiende sobre nuestra cabeza como un segundo cielo donde las ideas brillantes sustituyen a los miles de millones de estrellas. Cuando cierro los ojos, imagino las ideas de millones de personas que nos vinculan a quienes nos precedieron y a quienes nos seguirán. Sus descubrimientos, grandes o pequeños, aportan siempre algo a nuestro intento de descifrar los misterios del universo y de comprender el lugar que ocupamos en él.

Hacer las preguntas adecuadas es fundamental para la ciencia porque solo tenemos una vida para resolver las cosas. Pero nuestra vida es solo un eslabón en una larga cadena de investigaciones realizadas a lo largo de los siglos. Las ideas dejan una huella en nuestro mundo y sobreviven mucho tiempo a las personas que las tuvieron. Los nombres de algunos científicos le suenan a todo el mundo —como Albert Einstein y Marie Curie—, pero de otros solo se acuerdan los expertos, por lo que son innumerables los nombres que caen en el olvido. La historia está desvirtuada por los prejuicios de quienes la escriben, y hasta las narraciones de los descubrimientos científicos son subjetivas. Las mujeres y las minorías que no correspondían a la imagen tradicional del científico quedaban excluidas, como ocurre con muchos aspectos de la historia. La situación va mejorando poco a poco con el paso del tiempo, y algunos investigadores relegados al olvido empiezan a recibir el reconocimiento que se merecen. Los nombres de muchos científicos que no tuvieron la suerte de hacerse famosos han caído en el olvido, pero sus ideas no han sido sacrificadas. Sus conocimientos perviven a lo largo de los siglos y nos ayudan a descubrir los misterios del universo.

Algunas ideas superan el paso del tiempo; otras resultan ser erróneas o estar incompletas. Al principio, las personas caían en la trampa de pensar que la Tierra era el centro del universo, hasta que las sucesivas observaciones demostraron que aún no se habían percatado del lugar que ocupamos en el cosmos.

Mucha gente piensa que la investigación es un proceso rígido y hermético, pero la imaginación y el ingenio son la columna vertebral de la ciencia. Los científicos son aventureros que exploran las fronteras de lo desconocido en un intento de determinar cómo son realmente las cosas en los reinos ignotos. Imaginemos que el hallazgo de un hueso de dinosaurio nos lleva a pensar que la Tierra estuvo poblada en algún momento por criaturas gigantescas. Imaginemos el descubrimiento de que el universo nació a partir de una explosión increíblemente densa y abrasadora o de que otro sol oscila con precisión matemática cada cuatro días y medio para mostrarnos el primer nuevo mundo que gira alrededor de otra estrella. La curiosidad que nos lleva a preguntarnos cosas es lo que nos convierte en científicos. Y algunas respuestas están escritas en el cielo nocturno.

EL CONOCIMIENTO DEL COSMOS

Cuando miro el cielo por la noche, veo un increíble tapiz negro salpicado de estrellas brillantes. Pero la comprensión del cosmos hace que esa imagen resulte sobrecogedora, porque el tapiz negro adquiere profundidad y significado cuando llegamos a entender algunos de sus misterios.

El cielo nocturno nos muestra el espacio, pero también despliega el pasado ante nuestros ojos, lo que es aún más importante. Todo lo que vemos en el firmamento por la noche ya ha sucedido, solo que nosotros nos damos cuenta de ello ahora, cuando nos llega la información codificada en la luz. Si la luz no necesitase tiempo para viajar, no veríamos el pasado y nunca podríamos averiguar los orígenes del cosmos.

Lo que vemos en el tapiz negro solo está aquí y ahora en la Tierra. Otros lugares del cosmos tendrán que esperar miles de años para ver lo que nosotros estamos viendo esta noche, y, sin embargo, otros lugares ya han visto lo que nosotros veremos en el futuro. Eso es lo que hace que, para mí, todas las noches sean especiales. Porque solo nosotros los terrícolas percibimos este ahora; solo aquí, en el lugar específico que ocupamos en el cosmos.

La conciencia de la singularidad de nuestro rincón del universo es muy difícil de cambiar debido a que la idea de que la Tierra era el centro del universo se mantuvo durante mucho tiempo como consecuencia de lo que Sagan llamó «la desgraciada convergencia de las observaciones racionales y lo que en secreto deseábamos que fuese cierto». Al mirar el cielo por la noche, es fácil llegar a la engañosa conclusión de que las estrellas y el Sol se mueven alrededor de nosotros. Dejar atrás esa reconfortante cosmovisión y aceptar otra en la que la Tierra es solo uno más de los numerosos planetas que giran en torno a otras también numerosas estrellas requirió mucho tiempo y perseverancia. En un primer momento, el ser humano renunció a la idea de que la Tierra era el centro del universo y reconoció a regañadientes que nuestro planeta gira alrededor del Sol, pero pensaba que nuestro Sol era el centro del universo. Posteriormente, a medida que los científicos empezaban a observar mejor el cielo, la idea de que nuestro Sol ocupaba un lugar privilegiado en el cosmos también se fue al traste, y nos vimos viviendo en un planeta corriente y moliente que daba vueltas a una estrella del montón; esta visión del mundo ya no es tan satisfactoria. A todos nos gusta ser especiales.

Pero ganamos mucho cuando perdimos nuestro supuesto lugar en el centro del cosmos. La observación del cielo durante siglos nos hizo darnos cuenta de la inmensidad del universo del que formamos parte y del lugar que ocupamos en él. Nuestro domicilio particular es el planeta Tierra, el tercer planeta de la estrella a la que llamamos Sol, una de los aproximadamente doscientos mil millones de estrellas que hay en nuestra galaxia.

No tenemos ninguna fotografía de esos doscientos mil millones de estrellas de la Vía Láctea, y tardaremos mucho en tenerla. Para que toda la Vía Láctea quepa en una foto, es necesario que una nave espacial se aleje lo suficiente de la Tierra y se sitúe muy por encima del plano de nuestra galaxia espiral. Y hasta ahora ninguna nave ha conseguido llegar siquiera a la estrella más próxima. La Tierra es como un trozo de salchichón en una pizza que intenta imaginar la forma de la pizza entera.

Una de las principales diferencias entre nosotros y el trozo de salchichón curioso es que nosotros ya hemos averiguado qué aspecto tiene nuestra galaxia. Los astrónomos midieron la posición y el movimiento de las estrellas que la conforman, compararon esos datos con los de miles de galaxias presentes en el cosmos y encontraron una que tiene un aspecto similar y que nos servirá de modelo hasta que obtengamos una foto real de la Vía Láctea. A mis alumnas y alumnos les resultó útil el ejemplo del salchichón; los almuerzos gratuitos a base de pizza son frecuentes en el campus, y ahora esta les recuerda a nuestra galaxia.

Imaginemos que hay una nave espacial capaz de tomar esa foto y que nosotros saludamos en el momento preciso en que la cámara saca esa instantánea. ¡Tres, dos, uno..., ahora! Bueno, pues no saldríamos en la foto porque la luz que nos muestra saludando aún no habría llegado a la nave. El «ahora» en una nave espacial que está tan lejos no es el mismo que el «ahora» para nosotros en la Tierra, lo que da un significado diferente a «pasado», «presente» y «futuro». Todo depende.

Pasado, presente y futuro cósmicos

El cielo nocturno nos permite mirar hacia atrás en el tiempo. Lo que se nos olvida fácilmente es que lo mismo les ocurriría a unos supuestos astrónomos extraterrestres. Si estos se encontraran a cien años luz de la Tierra, la verían ahora tal como era hace cien años. A una distancia de cinco mil años luz, los astrónomos extraterrestres hoy solo verían las primeras civilizaciones que florecieron en la Tierra. En un planeta situado a cien millones de años luz, los astrónomos extraterrestres aún verían a los dinosaurios vagando por aquí. Por lo tanto, en el caso de que te preguntes si los seres de otros planetas saben que nosotros —una civilización que usa la tecnología y que es capaz de volar por el espacio— vivimos aquí en la Tierra, te diré que eso dependerá de lo lejos que se encuentren.

La Vía Láctea tiene un diámetro aproximado de cien mil años luz, lo que significa que la luz de una estrella situada en un extremo de la galaxia tarda unos cien mil años en llegar a otra que esté en el lado contrario. El *Homo sapiens* comenzó a emigrar desde el continente africano hacia Europa y Asia hace entre setenta mil y cien mil años, así que un hipotético astrónomo que estuviera en el otro extremo de nuestra galaxia en realidad vería a nuestros antepasados. Aún no habría naves espaciales ni orbitadores explorando el sistema solar. Y, del mismo modo, nosotros veríamos el lugar de origen de esos astrónomos extraterrestres tal como era hace cien mil años.

La Voyager 1, una de las naves que llevan a bordo el disco de oro, se lanzó en 1977, por lo que la luz que acredita el lanzamiento todavía no ha llegado muy lejos. Para nosotros, el despegue de la Voyager 1 está en el pasado, pero a un observador que se encuentre en un planeta situado a cien años luz, la luz que muestra el lanzamiento de la Voyager 1 todavía no le ha llegado y, por tanto, el despegue está en el futuro. Un observador situado a cuarenta y cinco años luz de distancia vería el lanzamiento en el mismo momento en que estoy escribiendo estas palabras. Así pues, ¿el lanzamiento de la Voyager 1 ocurrió en el pasado, está teniendo lugar ahora o se producirá en el futuro?

Imagina una cuadrícula del cosmos —espaciotemporal— en la que el espacio ocupa tres ejes y el tiempo constituye el cuarto. Si estás tumbado en la cama por la mañana y luego otra vez por la noche, estás en el mismo lugar en el espacio, pero no en el mismo lugar en el tiempo, por lo que el tú que está en la cama por la mañana se encuentra en un punto diferente del espacio-tiempo que el tú acostado por la noche. Pero, como el propio universo está integrado en el tejido del espacio-tiempo, el ahora, el pasado y el futuro no son sino simples lugares en esta misteriosa cuadrícula cósmica con relación a cualquier acontecimiento. Tu ubicación en la cuadrícula determina, solo para ti, qué corresponde al pasado, al presente y al futuro.

El principio cosmológico establece que el universo tiene el mismo aspecto en todas partes, siempre y cuando la escala sea lo bastante grande. Esa es la clave para descifrar nuestro pasado, pues no podemos verlo desde nuestro punto de vista en el espacio-tiempo, pero sí podemos ver el pasado que nos rodea. Nos movemos a lo largo del eje temporal, siempre hacia adelante. Pero, puesto que la luz necesita tiempo para viajar, vislumbramos el pasado del cosmos en otro lugar. Así pues, podemos observar las galaxias lejanas, que solo nos muestran su existencia inicial, para obtener más información sobre el aspecto de nuestra galaxia cuando era más joven. La historia del cosmos se extiende a nuestro alrededor como un hermoso tapiz que envejece en dirección al horizonte cósmico. Pero nuestra visión tiene límites.

Cuanto más lejos estamos de una bombilla, más débil parece su luz. Incluso en una noche oscura sin farolas que desluzcan las estrellas, solo podemos ver unos 4.500 astros en el cielo nocturno. Los otros no los detectamos porque su luz es demasiado débil. Sin embargo, es posible superar esa cantidad con unos prismáticos, que nos permiten ver unas 100.000 estrellas. Con un telescopio de

EN LOS UMBRALES DEL CONOCIMIENTO CÓSMICO 231

ocho centímetros se ven aproximadamente unos dos millones y medio de estrellas; con uno de cuarenta centímetros, unos doscientos millones. Los prismáticos y los telescopios perciben la luz del mismo modo que los ojos, por lo que, cuanto más grandes son, más luz captan, como ya hemos visto anteriormente. Por eso, los astrónomos construyen telescopios cada vez más grandes, para captar mejor la luz de las estrellas muy lejanas, retrocediendo así en el tiempo hasta cuando el universo era mucho más joven, como vimos al principio del libro en las primeras imágenes de campo profundo que obtuvo el JWST. En las imágenes de las galaxias que hay a nuestro alrededor, captadas por telescopios cada vez más potentes, podemos ver cómo cambia el cosmos con el paso del tiempo.

Pero hasta con los telescopios más grandes imaginables hay un límite que nos impide verlo todo: solo podemos ver una fracción del universo. Ello se debe a que la edad del cosmos pone un límite a la distancia que la luz puede haber recorrido ya. La luz no empezó a viajar antes del nacimiento del cosmos. Por tanto, ¿qué antigüedad tiene el universo? Recuerda cómo calculamos la edad de la Tierra. Pero no hay meteoros que se remonten al nacimiento del cosmos. Sin embargo, la observación del cielo reveló el misterio de la edad del universo, y resulta que la Tierra se perdió los dos primeros tercios. Detengámonos un momento para comprobar que sí podemos ver una época en la que no existían ni la Tierra ni el Sol y mucho menos los seres humanos.

Edwin Hubble se dio cuenta en 1929 de que el universo se expande con el tiempo basándose en el enrojecimiento de las galaxias, como ya hemos visto antes. El telescopio espacial Hubble, que lleva acertadamente el nombre del astrónomo estadounidense, nos lo aclaró aún más si cabe. Unos pocos años antes, el astrónomo y sacerdote belga Georges Lemaître había previsto teóricamente ese fenómeno. Su contribución fue reconocida en 2018, por un solo voto, por los miembros de la Unión Astronómica Internacional, quienes renombraron la ley de Hubble, que pasó a llamarse ley de

232 MUNDOS EXTRATERRESTRES

Hubble-Lemaître. Cuando el Vaticano organizó en 2016 un homenaje a Lemaître en la Academia Pontificia de las Ciencias, recibí un correo electrónico en el que se me preguntaba cortésmente si estaría dispuesta a presentar los últimos resultados de la búsqueda de vida, junto a otras conferencias de Stephen Hawking, algunos premios nobel y otros prestigiosos colegas. Y además tendría la oportunidad de conocer al papa Francisco. No sé cómo, pero pude reorganizar mi agenda para acomodarla a aquellos fascinantes días en Roma.

Midiendo la velocidad a la que otras galaxias se alejan de la Tierra, se puede calcular a qué velocidad se expande el universo. Con esos datos en la mano, es posible rastrear en el tiempo la expansión. Si esta ha proseguido al mismo ritmo desde su inicio, el universo tiene que haber sido extremadamente denso cuando se originó. Los astrónomos han calculado que el *big bang* —el nacimiento del cosmos— se produjo hace unos 13.800 millones de años, de modo que la luz no ha podido viajar durante más tiempo. Pero aún hay más: en sus inicios el cosmos era muy diferente a como lo vemos hoy, lo cual nos ha servido para afinar todavía más los cálculos sobre su edad y la de todo lo que contiene. El *big bang*, denso y abrasador en extremo, no fue simplemente una explosión, o al menos una explosión como aquellas a las que estamos acostumbrados, por lo que su nombre es un tanto engañoso.

El espacio-tiempo explotó, pero no solo en un punto, sino en todas partes al mismo tiempo. Eso es aún más extraño de lo que parece. El *big bang*, a diferencia de un estallido normal, no fue una explosión en el espacio circundante, pues aún no había nada contra lo que explotar. Aquello fue el nacimiento del espacio y el tiempo propiamente dichos. Tras el *big bang*, todo empezó a alejarse de todo lo demás a una velocidad increíble en una fracción de segundo. El *big bang* y el universo primitivo son difíciles de imaginar hasta para los astrónomos modernos. Ello significa que al principio todos los lugares del cosmos estaban juntos. Las lejanas galaxias que podemos distinguir hoy claramente separadas

EN LOS UMBRALES DEL CONOCIMIENTO CÓSMICO   233

estaban unas al lado de las otras. El *big bang* fue un estado de materia y energía tan extremo que los físicos aún no pueden describirlo. Los cosmólogos intentan darle sentido, pero sigue habiendo muchas cuestiones, aparentemente inexplicables, que resolver.

Me resulta más fácil imaginar esa explosión simultánea y general si pienso en las pasas dentro de una masa de pan: todas las pasas en expansión se alejan unas de otras cuando la masa sube. Pero la gran expansión de pan de pasas es probablemente un nombre mucho menos pegadizo que *big bang*. A cierta distancia de nosotros —cuando el cosmos era más joven—, las estrellas o galaxias desaparecen de nuestra vista: el cosmos aún no las había creado. Esa edad oscura del cosmos terminó hace unos 13.500 millones de años, cuando la primera luz de las estrellas iluminó las tinieblas.

La velocidad límite de la luz, que puede parecer frustrante, es lo que nos permite tener una vista privilegiada de casi todo el pasado del universo y nos ayuda a esbozar la evolución del cosmos en su conjunto.

Una imagen del cosmos recién nacido

Si el pasado equivale a la distancia desde la Tierra, entonces, si miramos lo bastante lejos, deberíamos ver la densísima y abrasadora era del primigenio universo radiactivo que ha viajado durante miles de millones de años para llegar hasta nosotros. Eso es precisamente lo que han encontrado los astrónomos: la radiación que nos muestra una imagen del universo recién nacido. Pero esa imagen está distorsionada a causa de la duración del recorrido. ¿Te acuerdas del espacio-tiempo en el que todo el cosmos está integrado? Imagínalo como un tejido que se estira, el cual también estira las ondas lumínicas que lo recorren. Así pues, para encontrar la luz de un joven universo abrasador debemos tener

234 MUNDOS EXTRATERRESTRES

en cuenta la duración del trayecto y la consiguiente expansión de la longitud de onda que se produce durante el viaje. Hay que buscar longitudes de onda más largas y extendidas. Así es como lo descubrieron los científicos (un poco por casualidad): se trataba de un ruido de fondo que no podían acallar por mucho que cambiasen la orientación de las antenas parabólicas. El calor del universo primitivo nos está llegando ahora desde todos los puntos del espacio. Tras viajar durante miles de millones de años por el cosmos, las antiguas ondas de luz que codifican el sello térmico del joven cosmos formaron microondas más largas (aunque no lo bastante intensas para calentar la comida). Si nuestros ojos fuesen sensibles a las microondas en lugar de a la luz, veríamos la radiación sobrante del *big bang* brillando día y noche en el espacio: la impresionante radiación cósmica de fondo (CMB, por sus siglas en inglés).

La CMB demuestra que el universo primitivo era abrasador y que la señal —y, por tanto, la temperatura del firmamento— es prácticamente la misma en todas partes. Las diferencias de temperatura son minúsculas, y, sin embargo, esas pequeñas diferencias modelaron nuestro universo. Un cambio de una sola parte entre 100.000 en la densidad del joven cosmos fue lo que originó todo, porque las zonas más calientes son solo un poco menos densas que las más frías. A modo de comparación, uno entre 100.000 es más o menos una hora en la vida de un niño de once años y medio. Pero esos pequeñísimos cambios se fueron sumando a lo largo del tiempo a causa de la gravedad. Esta atrae la materia de las zonas menos densas hacia aquellas que son solo un poco más compactas que sus vecinas. Esta materia añadida hace que la atracción gravitacional sea más fuerte porque esa zona aumenta de masa en comparación con las regiones circundantes.

Estas diminutas variaciones en la imagen primigenia del universo componen las estructuras que hoy vemos a nuestro alrededor. Esas regiones cada vez ligerísimamente más densas se convirtieron en las zonas donde se formaron las galaxias. Con la ayuda de modelos informáticos muy complejos, los astrónomos pueden trazar la evolución del cosmos desde aquellas minúsculas diferencias de densidad hasta donde se formaron las galaxias y están ahora situadas. La CMB nos permite ver cómo era el cosmos solo 380.000 años después del *big bang*, hace unos 13.400 millones de años. La radiación cósmica de fondo nos muestra la época en que la luz, que estaba atrapada en un plasma denso y ardiente, pudo por fin empezar a viajar por el universo. Con anterioridad a la CMB, el universo estaba compuesto de aquel denso plasma abrasador. Sí, el cosmos se vuelve cada vez más extraño a medida que retrocedemos en el tiempo.

Imaginemos la CMB como si fuese un brillante muro de fuego que nos impide ver qué hay tras él, es decir, el pasado. Ese universo abrasador —una sopa de partículas muy densa y caliente— era completamente distinto a como es ahora. Al principio, aún no había estrellas, pues hacía demasiado calor para que tuvieran consistencia. Ni siquiera era posible la existencia de átomos, pues el calor era tan extremo que los electrones, los protones y los neutrones —los elementos necesarios para formar un átomo— no podían sobrevivir. Pero luego el cosmos se expandió y se enfrió. Aproximadamente una décima de segundo después del estallido del *big bang*, se formaron los primeros protones y neutrones, seguidos a continuación por los electrones, y el cosmos siguió expandiéndose y enfriándose. Unos dos minutos después de la explosión, la temperatura era de «solo» mil millones de grados centígrados, que es muy superior a la del centro de nuestro Sol, pero lo bastante fría para que se formasen los primeros núcleos atómicos (los protones y los neutrones se conglutinan). Todo eso —desde la abrasadora y densa sopa primigenia hasta los primeros átomos— duró unos tres minutos. Después, durante cientos de miles de años, el cosmos fue básicamente una sopa caliente de núcleos y electrones en la que los fotones rebotaban tras chocar entre sí. Y el cosmos seguía expandiéndose y enfriándose. Unos 380.000 años después del *big bang*, el universo se había enfriado lo suficiente para que los electrones se acercasen a los núcleos y formasen los primeros átomos. La luz que había quedado atrapada en el plasma, rebotando entre los núcleos de carga positiva y los electrones de carga negativa, pudo escapar por primera vez.

Desde el inicio, el cosmos pasó de ser un plasma increíblemente denso y abrasador a ser un universo donde la luz empezó a viajar libremente, mientras su temperatura dibujaba la CMB en nuestro cielo nocturno. Unos cien millones de años después, la primera estrella compuesta de aquellos antiguos elementos se inflamó, preparando el terreno para el Sol, la Tierra y los curiosos seres humanos. Así pues, aunque no hayamos encontrado el final o el extremo del universo, la zona del cosmos que podemos observar tiene un contorno bien delimitado. Desde cualquier parte del universo en la que nos encontremos, si tenemos grandes telescopios con los que observar objetos cada vez más tenues y lejanos, al final veremos esa imagen del plasma ígneo del universo primitivo. Los antiguos cartógrafos, cuando llegaban al extremo del mundo conocido, escribían *Hic sunt dracones* («Aquí hay dragones»), siguiendo la costumbre medieval de incluir dibujos de dragones, monstruos marinos y otras criaturas mitológicas en las zonas inexploradas de los mapas, donde podía acechar el peligro. Más apropiado para los mapas cósmicos sería «Aquí hay plasma abrasador». Es el límite de cualquier exploración cósmica: un horizonte temporal que forma a nuestro alrededor la esfera del universo observable. Eso significa que nuestra visión está limitada por la creciente distancia que la luz ha podido recorrer para llegar hasta nosotros desde la creación del cosmos.

Pero esos límites nos permiten explorar una vasta zona del espacio-tiempo que nos rodea. Desde las primeras estrellas y galaxias que nos mostró el JWST hasta los miles de estrellas con misteriosos exoplanetas que hay en nuestra orilla cósmica. Vivimos en una época de fascinantes descubrimientos espaciales.

Cada punto del espacio está en el centro de su propia esfera del universo observable, rodeado por el plasma incandescente del joven cosmos. Y, desde dondequiera que mires —desde la Tierra o desde una galaxia muy lejana—, tú estás en el centro de tu propio universo observable. Y cualquier otro individuo, incluidos los extraterrestres que pueda haber en cualquier punto del lejano pasado o futuro, también está en el centro de su universo observable.

Así pues, podríamos decir que los seres humanos hemos recuperado nuestro lugar privilegiado en el centro del universo (observable).

¿Quién podría estar observándonos en este momento?

Si hay formas de vida en algún lugar del cosmos y si esos seres tienen tanta curiosidad como nosotros, ¿podrían estar observándonos? Estamos en los umbrales del descubrimiento de vida en el cosmos. Hemos descubierto más de cinco mil exoplanetas, y miles más se añadirán a la lista cuando tengamos los resultados de las primeras señales recibidas. Tras el lanzamiento del JWST, contamos con un telescopio lo bastante grande para recoger la luz procedente de exoplanetas cercanos que podrían ser como el nuestro. Si hay otras civilizaciones y estas tienen solo los mismos conocimientos tecnológicos que nosotros, ¿podrían detectarnos?

Los astrónomos, cuando catalogan las estrellas de nuestro entorno, ven, a una distancia de solo trescientos años luz, unos trescientos mil objetos, la mayoría de los cuales corresponden a estrellas y cadáveres estelares. Casi todos ellos son estrellas rojas frías que ejecutan una hipnótica danza gravitacional en torno al centro de nuestra galaxia, la Vía Láctea. En nuestra búsqueda de otros mundos, nosotros nos fijamos en aquellos planetas que bloquean parte de la luz de su estrella correspondiente: mundos en tránsito. Pero, para que eso ocurra, el planeta, su estrella y nosotros tenemos que estar perfectamente alineados. Por lo tanto, también hay una zona de habitabilidad para la observación de los tránsitos planetarios.

Mientras intentaba encontrar mundos extraterrestres, empecé a preguntarme qué estrellas están bien situadas para localizarnos. ¿Qué estrellas tienen un asiento de primera fila para presenciar cómo la Tierra bloquea parte de la luz de nuestro Sol? ¿Dónde somos nosotros los alienígenas?

Al final resultó que, junto con Jackie Faherty —la entusiasta astrónoma que dirige el Museo Americano de Historia Natural—, descubrí qué astros podían detectarnos. Aprovechamos la oportunidad que nos brindaba la misión Gaia, concebida para generar un preciso catálogo estelar de nuestro entorno, en el que figura la posición de cada estrella y, también, su forma de desplazarse. Así pudimos cartografiar la zona próxima de nuestra galaxia en función de las coordenadas espaciotemporales. Repasando la base de datos de Gaia, identificamos las estrellas situadas en el lugar preciso para ver el ligerísimo oscurecimiento del Sol cuando la Tierra tapa temporalmente su visión de nuestra estrella madre.

Menos de una de cada cien de nuestras estrellas vecinas pueden ver ese ligero oscurecimiento, porque la Tierra es pequeña: aquellas estrellas situadas cerca de la eclíptica, el camino que recorre aparentemente el Sol en el curso de un año, como vimos antes. Unos mil quinientos sistemas estelares podrían ver este año el ligero oscurecimiento de nuestro Sol como consecuencia del desplazamiento de la Tierra. Esa cantidad asciende a casi dos mil si movemos el cuadrante del tiempo hacia delante y hacia atrás y agrandamos la ventana para cualquiera que mire desde hace cinco mil años hasta dentro de otros cinco mil.

Unas cien estrellas de ese tipo están tan cerca de la Tierra que nuestras ondas de radio ya las han sobrevolado. En esos mundos, los curiosos astrónomos extraterrestres podrían no solo localizarnos, sino también escuchar nuestros eclécticos gustos musicales. Ya hemos comprobado que tres de esos sistemas albergan exoplanetas en sus zonas de habitabilidad. Cualquier civilización avanzada que viviese, por ejemplo, en el planeta Ross 128 b, el cual gira alrededor de una enana roja en la constelación de Virgo, a solo once años luz de distancia, probablemente ya nos habría visto y oído. Pero ya no nos podrían ver y es que las posiciones de las estrellas cambian. Hace unos tres mil años Ross 128 b se encontró en la posición idónea para ver el tránsito de la Tierra, pero desde hace unos novecientos años, ya no es el caso. ¿Los observadores extraterrestres habrían llegado a la conclusión de que hace novecientos años había vida inteligente en la Tierra? Los vigías de un planeta que gira en torno a la estrella de Teegarden, situada a unos 12,5 años luz, empezarán a ver oscurecerse ligeramente el Sol en el año 2050, pero es probable que ya nos hayan oído. Los posibles habitantes del sistema TRAPPIST-1, del que hemos hablado antes, situado a solo cuarenta años luz de distancia, empezarán a ver el ensombrecimiento del Sol dentro de unos 1.600 años.

Como muestran estos ejemplos, los puntos de observación aventajados no están garantizados para siempre. Aparecen y desaparecen con la danza gravitacional de nuestro dinámico universo. Y no se trata del típico «si yo puedo verte, tú me puedes ver». La cuestión se asemeja más a dos barcos que navegan por la noche: a veces puedes ver al otro barco y otras veces el otro barco puede ver el tuyo. Entonces, ¿cuánto dura en general un asiento cósmico en primera fila desde donde un observador pueda ver la Tierra cuando esta tapa parcialmente la luz del Sol? Para responder a esa pregunta analizamos los datos de Gaia sobre el movimiento de las estrellas, lo que nos permitió rastrearlas en dirección al futuro y en dirección al pasado. Descubrimos que ese punto de observación privilegiado dura al menos mil años, por lo que, si hubiéramos buscado en el cielo planetas en tránsito miles de años antes o después, habríamos visto otros diferentes. Y otros diferentes nos habrían visto a nosotros.

Ahora, cada vez que miro al cielo, me imagino los dos mil sistemas solares más próximos que pudieron ver nuestro planeta tapando mínimamente la luz del Sol. Si en el espacio exterior hay vida inteligente que ya nos ha localizado, me gusta pensar que se preocupa por nuestra supervivencia. Quizá han creado un *reality show* y los títulos de sus episodios son del tipo: «¡Oh, no, están generando un agujero de ozono!». Y luego: «¡Mira, ya lo han arreglado! ¡No te desanimes, planeta!». Seguido de: «¡Oh, no, ahora están cambiando el clima del planeta!». Espero que pronto emitan uno que se titule: «Mira, el clima vuelve a ser como antes, ¡ánimo, planeta!».

Si alguien ya nos ha encontrado, me gustaría saber qué piensa de nosotros.

EPÍLOGO

La nave Tierra

Imagina que, en un futuro lejano, podemos viajar a uno de esos nuevos mundos en los que hemos encontrado pruebas evidentes de vida: nuestra primera Tierra alienígena. Para hacer ese viaje necesitaríamos una de esas naves hasta ahora solo imaginadas en las historias de ciencia ficción, pero que es posible que algún día construyamos. Esas naves espaciales tendrán que llevar a bordo todo lo necesario para sobrevivir (y luego reciclarlo) si queremos completar el largo viaje que nos espera. La integridad de la nave es nuestra protección frente a un entorno increíblemente hostil: el espacio exterior.

Antes del lanzamiento, repasamos la lista de comprobación previa al vuelo para tener más probabilidades de sobrevivir a un viaje a través de territorios implacables e inexplorados. Revisamos los subsistemas de la nave espacial (comida, agua, aire, propulsión, navegación) para asegurarnos de que todo funciona a la perfección. Los tanques de agua están integrados en el casco de la nave para protegernos mejor de la radiación. La nave espacial es una maravilla de la conectividad que crea la biosfera perfecta con la cantidad apropiada de oxígeno, en torno al 21 %. Podríamos vivir con un poco menos, pero de este modo es fácil respirar incluso cuando caminamos deprisa.

242 MUNDOS EXTRATERRESTRES

Probamos el agua para confirmar que no está contaminada. Todo tiene que funcionar bien en esta nave para no alterar el delicado equilibrio de la biosfera que mantiene vivos a los pasajeros. Los grandes receptáculos hidropónicos verticales y la vegetación que cubre las paredes de muchos compartimentos producen alimentos y filtran el CO_2. La cantidad de biota presente en el suelo y en el agua genera la proporción justa de energía para poder respirar. A continuación, comprobamos las cosechas para asegurarnos de que hay comida suficiente. Los tanques hidropónicos resuenan tranquilizadoramente y la composición del suelo parece idónea para una buena cosecha y para plantar nuevas semillas. Hemos almacenado parte de los cultivos anteriores, pero la comida fresca nos proporcionará las vitaminas necesarias para mantenernos sanos, que es lo principal. Respiramos el olor a tierra mojada y nuestros pasos resuenan en el puente de la nave espacial mientras terminamos la inspección.

Tras el despegue, miramos la Tierra por la ventanilla y nos preguntamos por qué hemos tardado tanto en darnos cuenta de que este increíble planeta es también una gigantesca nave espacial, recubierta de un eficacísimo sistema de supervivencia, la biosfera, un cúmulo de redes equilibradas que nos mantienen vivos a nosotros y a innumerables especies.

Ahora es cuando nos damos cuenta de que lo que dejamos atrás es la nave Tierra, nuestro hogar durante el largo viaje por el cosmos. Su destino está indisolublemente ligado al del sistema solar. Es una nave que tenemos que cuidar mejor, incluso antes de comenzar nuestro viaje. Me gusta pensar que somos experimentados auxiliares de vuelo dispuestos a proteger el único hogar que hemos tenido.

Me gusta imaginar el futuro de la humanidad en un entorno impoluto, porque hemos encontrado la forma de procesar robóticamente los recursos del espacio, donde los gases tóxicos no contaminan el aire que respiramos ni el agua que bebemos. No hay ningún planeta que se adapte mejor a nosotros que la Tierra; des-

EPÍLOGO 243

de los microbios hasta los seres humanos, todos hemos evolucionado juntos en nuestro punto azul pálido.

La exploración del espacio nos permite reunir los conocimientos necesarios para evitar los asteroides, la contaminación y el agotamiento de los limitados recursos de la Tierra, nuestra hermosa, increíblemente compleja y, sin embargo, frágil «mota de polvo suspendida en un rayo de sol», como la describió Carl Sagan.

Y, no obstante, en esta mota de polvo ya estamos trazando los primeros mapas para los futuros exploradores interestelares. Estamos situando misteriosos destinos en el planisferio, desde asombrosos mundos de lava hasta parajes donde podemos proyectar dos sombras. Aún no tenemos las naves que necesitamos para adentrarnos en el cosmos, pero hemos descubierto otras formas de explorar el universo, como por ejemplo el desciframiento de los mensajes que llegan codificados con la luz. Los planetas de nuestro sistema solar nos han enseñado muchas cosas sobre el innovador, aunque a veces frágil, concepto de mundo habitable. En combinación con la asombrosa diversidad de la vida en nuestro punto azul pálido, que persevera incluso en condiciones extremas, adaptándose a nuestro mundo y alterándolo a lo largo de la historia, los nuevos descubrimientos nos permiten vislumbrar los primeros planetas que podrían ser mundos extraterrestres en nuestra orilla cósmica.

Aunque todavía no podemos hollar esos nuevos mundos, las exploraciones espaciales han cambiado para siempre nuestra visión del firmamento. Los miles de soles que podemos ver en una noche clara son un prometedor indicio de que podríamos encontrar vida inteligente en el espacio exterior.

Levanta la vista hacia el impresionante firmamento, la ventana que nos une al cosmos. Busca tu estrella favorita y tómate la libertad de maravillarte.

¿Y si no estamos solos en el cosmos?

AGRADECIMIENTOS

Este libro está escrito desde mi punto de vista, pero el trabajo que se describe en él ha sido realizado con compañeros de todo el mundo, en equipos internacionales e interdisciplinarios de los que me siento honrada de formar parte. Ojalá hubiera podido incluir todos vuestros nombres e investigaciones, pero tenía un límite de páginas y demasiadas cosas que contar. También quiero dar las gracias a aquellos compañeros que han sido y son pioneros en esta apasionante frontera de la búsqueda de vida en el cosmos. Ojalá hubiera podido mencionaros a todos. La búsqueda de vida en el universo no habría progresado sin vuestros descubrimientos.

No habría ningún Instituto Carl Sagan en Cornell sin la excepcional Ann Druyan. Te estoy sinceramente agradecida por creer en nuestra idea y por tu inquebrantable amor al universo. Quiero mostrar mi agradecimiento al equipo interdisciplinario del Instituto Carl Sagan por acribillarme a preguntas de difícil solución y por hacerme partícipe de apasionantes descubrimientos, de vuestro compañerismo y de tantas ideas nuevas que no es de extrañar que las máquinas de café no den abasto. Y a los miembros de mi increíble equipo de investigación —presentes y pasados—, quiero deciros que me encanta ir a trabajar todos los días porque sé que allí me encontraré con vosotros y que nuestras conversaciones serán ingeniosas, agudas y estimulantes, y que os estaré siempre agradecida por haberme elegido como asesora, colega y compañera de fechorías durante parte de vuestro camino. Vaya un reconocimiento especial para Ligia, Becca y Jonas por el tiempo que dedicaron a la polícroma biota, a los planetas límite y a los mundos de lava, y por aportar interesantes comentarios y opiniones constructivas sobre el borrador de este libro.

Estoy profundamente agradecida a Ann, Bill, Charles, David, Eric, Laetitia, Linda, Mike, Peter, Sam, Scott, Shami, Steve W. y Steve Z. por su generosidad a la hora de leer y comentar el borrador: vuestra ayuda ha hecho posible que *Mundos extraterrestres* brille (y probablemente ha servido también para corregir la mayoría de mis errores).

Estoy abrumada por la amabilidad con que me aconsejaron otros científicos y autores; debo expresar mi profunda gratitud a Alan Alda, Charles Cockell, Marcelo Gleiser, Chris Hadfield, Robert Hazen, Katie Mack, Martin Rees, Caleb Scharf, Steve Strogatz y Neil deGrasse Tyson. Y a Alastair Reynolds y Andy Weir, he de decirles que disfruto mucho con nuestras siempre inspiradoras conversaciones sobre los mundos de ciencia ficción y sobre la posibilidad de que existan en la vida real. Gracias también por los generosos consejos que me habéis dado.

Son muchas las personas que me han brindado su amistad, su asesoramiento, su apoyo y sus consejos, y por ello les estoy profundamente agradecida. Decidí no mencionaros aquí, pero sabed que habéis influido y seguís influyendo muy positivamente en mi vida. Intento apoyar y animar a otras personas basándome en vuestro ejemplo.

Nunca habría llegado adonde estoy ahora sin la ayuda de mi increíble familia, sobre todo la de mis padres y mi hermana, que siempre creyeron en mí, pero también la de los miembros de mi familia extensa, que siempre están deseando conocer los últimos descubrimientos y me perdonan que a veces esté demasiado ocupada para llamarlos e interesarme por ellos. Mi familia y mi gran

AGRADECIMIENTOS

cantidad de amigos diseminados por todo el mundo hacen que nuestro punto azul pálido sea mi planeta favorito. Y este libro está dedicado con amor a Filipe y Lara Sky, que hacen de cada día una hermosa aventura.

Quiero dar las gracias a mi maravillosa agente, Deirdre Mullane, de Mullane Literary Associates, y a mis excelentes editoras de mesa, Elisabeth Dyssegaard y Daniela Rapp, que se enamoraron de mi libro cuando solo era una idea, así como a Jamilah Lewis-Horton y al fantástico equipo de St. Martin's Press. Gracias por darle una oportunidad a la idea de *Mundos extraterrestres*. Agradezco a Keith Mansfield su inacabable entusiasmo y sus sabios consejos, y al equipo de Penguin Books su sagacidad editorial. Gracias, Tracy Roe, por tu ingenio cuando más lo necesitaba, y a la brillantísima Peyton Stark por dar vida a mis ideas con las magníficas ilustraciones que embellecen el libro (<https://www.peytonstarkstudio.com/>).

Escribí la mayor parte de este libro durante mi año sabático en Salzburgo y Lisboa, donde podía escurrir el bulto unas pocas horas al día para escribir, y estoy agradecida a la Universidad Paris Lodron de Salzburgo y al Instituto Superior Técnico de Lisboa por darme un lugar donde sentirme querida y por poner a mi disposición un despacho en el que poder pensar y redactar el texto. Estoy en deuda con la Fundación Brinson por creer en mi investigación y en este libro. Doy las gracias en especial a la Fundación Simons, la Fundación Heising-Simons, la Fundación Kavli y la Fundación Breakthrough por apoyar a mi equipo en la búsqueda de vida en el cosmos. Y, como todo escritor necesita un café en el que escribir, estoy especialmente agradecida al personal del Café-Librería Insensato de Tomar, en Portugal, al que nunca le molestó lo más mínimo que me pasase horas tecleando en mi portátil ante un expreso o un té humeante para que me viniese la inspiración.

Muchas gracias a todos los que me han dicho algo positivo. Habéis hecho que la búsqueda de vida en el cosmos resulte un poco más fácil.

Y mis últimos agradecimientos son para ti, por haber escogido este libro y haberme acompañado en mi aventura. Espero que *Mundos extraterrestres* haya cambiado tu forma de ver el cielo nocturno. Estamos viviendo una nueva e increíble época de exploraciones. ¡Ánimo!

LISTA DE REPRODUCCIÓN DEL DISCO DE ORO

1	Saludo de Kurt Waldheim, secretario general de las Naciones Unidas	00.43
2	Saludos en cincuenta y cinco lenguas	03.46
3	Saludos de las Naciones Unidas/cantos de ballena	04.04
4	Sonidos de la Tierra	12.18
5	Orquesta Bach de Múnich/Karl Richter. *Concierto de Brandemburgo núm. 2 en fa mayor, BWV 1047: I. Allegro* (Johann Sebastian Bach)	04.43
6	Pura Paku Alaman Palace Orchestra/K. R. T. Wasitodipuro-Ketawang. *Puspåwårnå* («Tipos de flores»)	04.46
7	Músicos mahi de Benín. *Cengunmé*	02.10
8	Bambuti del bosque de Ituri. Canción *Alima*	01.00
9	Tom Djawa, Mudpo y Waliparu. *Barnumbirr* («Lucero del alba») y canción *Moikoi*	01.29
10	Antonio Maciel y Los Aguilillas con los mariachis México de Pepe Villa/Rafael Carrión. *El Cascabel* (Lorenzo Barcelata)	03.19
11	Chuck Berry. *Johnny B. Goode*	02.40

12	Pranis Pandang y Kumbui del clan Nyaura. *Mariuamangi*	01.24
13	Goro Yamaguchi. *Sokaku-Reibo* (Descripción de las grullas en su nido)	05.04
14	Arthur Grumiaux. *Partita para violín solo núm. 3 en mi mayor, BWV 1006: III. Gavotte en Rondeau* (Johann Sebastian Bach)	02.57
15	Orquesta y coro del estado de Baviera/Wolfgang Sawallisch. *La flauta mágica* (*Die Zauberflöte*), K. 620, Acto II: «La venganza del infierno hierve en mi corazón» (Wolfgang Amadeus Mozart)	02.59
16	Georgian State Merited Ensemble of Folk Song and Dance/Anzor Kavsadze. *Chakrulo*	02.20
17	Músicos de Ancash. Roncadoras y tambores	00.54
18	Louis Armstrong and His Hot Seven. *Melancholy Blues* (Marty Bloom/Walter Melrose)	03.06
19	Kamil Jalilov. *Muğam*	02.34
20	Columbia Symphony Orchestra/Ígor Stravinski. *La consagración de la primavera*. Parte II. «El sacrificio: VI. Danza del sacrificio» (Ígor Stravinski)	04.38
21	Glenn Gould. *El clave bien temperado*. Libro II: *Preludio y fuga núm. 1 en do mayor, BWV 870* (Johann Sebastian Bach)	04.51
22	Philharmonia Orchestra/Otto Klemperer. *Sinfonía núm. 5 en do menor. Opus 67: I. Allegro con brío* (Ludwig van Beethoven)	08.49
23	Valia Balkanska. *Izlel e Deliu Haidutin*	05.03
24	Ambrose Roan Horse, Chester Roan y Tom Roan. Canto nocturno de los indios navajos. Danza Yeibichai	01.00
25	Early Music Consort of London/David Munrow. *The Fairie Round* (Anthony Holborne)	01.19
26	Maniasinimae and Taumaetarau Chieftain Tribe of Oloha and Palasu'u Village Community. *Naranaratana Kookokoo* («El graznido del telégalo»)	01.15

27	La chica de Huancavelica. Canción de boda	00.41
28	Guan Pinghu. *Liu Shui* (Corrientes de agua)	07.36
29	Kesarbai Kerkar. *Bhairavi: Jaat Kahan Ho*	03.34
30	Blind Willie Johnson. *Dark Was the Night. Cold Was the Ground*	03:21
31	Cuarteto de cuerda de Budapest. *Cuarteto de cuerda núm. 13 en si bemol mayor. Opus 130: V. Cavatina* (Ludwig van Beethoven)	06.41

Algunos de los nombres de las grabaciones y de los intérpretes han sido actualizados con respecto a la lista original debido a errores iniciales en el material que se le proporcionó al equipo de Voyager Interstellar Record. En 2017, David Pescovitz y Tim Daly, de Ozma Records, reeditaron el disco de oro —por primera vez en vinilo— para que los terrícolas pudieran disfrutarlo. Arduamente identificaron y corrigieron los errores y las omisiones de la información original, lo que les valió un premio Grammy en 2018. Jonathan Scott escribió sobre la búsqueda detectivesca del título y los músicos de algunos de estos increíbles temas en su amena guía de 2020, *The Vinyl Frontier* (*La frontera del vinilo*).

El libro *Murmurs of Earth* (*Murmullos de la Tierra*) describe esta increíble grabación y fue escrito en 1978 por las seis personas que lo crearon: Carl Sagan (presidente del comité), Frank Drake (director técnico), Ann Druyan (directora creativa), Timothy Ferris (productor), Jon Lomberg (diseñador) y Linda Salzman Sagan (artista). Estas personas abordaron el enorme reto de decidir qué canciones, imágenes y sonidos incluir en el disco que se convertiría en una cápsula del tiempo de la historia de nuestro mundo, un regalo del punto azul pálido para el cosmos.

PARA SABER MÁS

¿Dónde están ahora los discos de oro? Sigue la aventura de la Voyager 1 y la Voyager 2, así como la ruta de los discos de oro a través del espacio, en <https://voyager.jpl.nasa.gov/mission/status/> o sigue a @NASAVoyager.

¿Por qué se redondean los números? Quizá te preguntes por qué los números de este libro están redondeados y no reflejan los valores exactos. Como sugieren Chip Heath y Klara Starr en su libro *Making Numbers Count* (*Hacer que los números cuenten*), redondear los números y hacer comparaciones entre cosas que todos conocemos es una forma útil de convertir los datos en «historias que se te quedan grabadas». Al compartir contigo la fascinante belleza del cosmos, he intentado que sus extrañas y maravillosas características se te queden grabadas, perdiendo tal vez algunos dígitos menos importantes, pero conservando intacta la grandeza general de la escala.

Cómo enviar tu nombre a Marte. La NASA te ofrece una oportunidad especial: puedes enviar tu nombre a destinos de todo el sistema solar (y conseguir tarjetas de embarque para cualquier amigo, lo cual es un estupendo regalo de cumpleaños), por ejemplo. Para el próximo vuelo a Marte: <https://mars.nasa.gov/participate/send-your-name/mars2020/>. Tal vez algún futuro arqueólogo extraterrestre intente descifrar tu nombre al explorar nuestro sistema solar.

¿Quieres bautizar un exoplaneta? Todo el mundo puede proponer a la Sociedad Astronómica Internacional nombres para los exoplanetas a través de la campaña NameExoWorlds, que comenzó en 1995. Véanse los detalles en <https://www.nameexoworlds.iau.org>.

¿Quieres ayudarnos a descubrir nuevos mundos o a resolver otros misterios científicos? Los proyectos de ciencia ciudadana son colaboraciones entre científicos y todas aquellas personas interesadas en estas cuestiones, y están abiertos a todo el mundo. Véase <https://science.nasa.gov/citizenscience>. Los voluntarios, a los que se conoce como *científicos ciudadanos*, nos han ayudado a hacer miles de importantes descubrimientos y han hallado nuevos mundos, como en el caso de Kepler-64 b o PH1 b (Planet Hunters 1).

Cómo conseguir los carteles *vintage* de la NASA. La colección de carteles gratuitos que ha sacado la NASA recibe el nombre de *Visiones del futuro*. Imágenes pintorescas e ingeniosas de destinos espaciales en nuestro sistema solar y más allá que inspiran tanto el optimismo como el deseo de un futuro en el que la humanidad viaje por las estrellas. La sección dedicada a los exoplanetas se llama Exoplanet Travel Bureau. Inspirándonos en los de la NASA, nosotros también hemos creado carteles que muestran las investigaciones que se llevan a cabo en el Instituto Carl Sagan (véase <https://www.jpl.nasa.gov/galleries/visions-of-the-future>).

Información actualizada sobre los nuevos descubrimientos del Instituto Carl Sagan. El Instituto Carl Sagan fue fundado en 2015 por Lisa Kaltenegger con el fin de buscar vida en el cosmos. Sobre la base del trabajo pionero de Carl Sagan en la Universidad de Cornell, nuestro equipo interdisciplinario, compuesto por científicos de quince disciplinas diferentes, está desarrollando los instrumentos necesarios para la búsqueda de vida en el sistema solar y en lunas y planetas que giran alrededor de otras estrellas. ¿Quieres saber más y seguir en contacto con nosotros?

Página web: <https://carlsaganinstitute.cornell.edu/>

Instagram: <https://www.instagram.com/carlsagani/>

Twitter: @CSInst

YouTube: <https://www.youtube.com/c/CarlSaganInstitute>

ÍNDICE ONOMÁSTICO Y DE MATERIAS

Adams, Douglas, 87, 175
ADN, 19, 94, 95, 130
   descomposición del, 102, 115
   enviado a la Luna, 133
   estructura del,
      descubrimiento de la, 92, 99
   papel del carbono en el, 90
Agencia Espacial de la Unión Soviética, 69
Agencia Espacial Europea (ESA), 62, 70, 128, 152, 238
agua, 137
   alternativas en Titán, 91-92, 128
   como protección de la radiación ultravioleta, 91, 95, 143, 192
   en Encélado, 126, 128
   en Europa, 126, 194
   en la Tierra, 71, 82
   en las supertierras, 190-192
   en Marte, 53, 124, 125
   fases y densidades de, 91
   nube de Oort, 54-55

   planetas habitables y, 42, 71
   surgimiento de la vida y, 94
   véase también océanos
agujeros negros, 19, 62-63, 197
Alpha Centauri A, 193-194
Anders, William, 80
Anglada-Escudé, Guillem, 193
ARN, 94, 95, 96, 116
Arrhenius, Svante, 68-69
Asimov, Isaac, 132, 217, 218
asteroides, 47, 48, 52, 54, 243
atmósfera, 30, 121
   cambio de temperaturas diurnas y nocturnas y, 173
   color de, 135
   de la joven Tierra, 48-49, 93, 100, 102, 140
   de la Tierra moderna, 70, 74-75, 101
   de Venus, 67-68, 69, 74, 75, 124
   planetas habitables y, 42, 67-70, 140-141

bacterias, 112, 115

big bang, 232-235
biofluorescencia, 9, 143-145
biosfera, 12, 30, 109, 142, 241, 242
  de la joven Tierra, 103
  submarina de Europa, 194
Borucki, William, 185-186, 187, 188, 189-190, 202

cambio climático, 24, 67, 73
cápsula del tiempo, 31, 132, 251
  véase también disco de oro
carbono, reacción del silicio al, 90-91
Cassini-Huygens, misión, 128
células, 95, 97, 100, 105, 113, 115, 143
Charbonneau, David, 168
ciclo carbonato-silicato, 73, 74, 75
ciencia ciudadana, proyectos de, 254
ciencia ficción, 172, 173, 191
  planetas de, 194, 212, 216-219
  viajes a la velocidad de la luz en la, 22
ciencia interdisciplinaria, 138
51 Pegasi b, planeta, 154, 161-164, 166, 169
circones, 81-82
Clarke, Arthur C., 183
CMB, *véase* radiación cósmica de fondo
CO_2, *véase* dióxido de carbono
código genético, 100
  véase también ADN
colisiones planetarias, 47
color
  búsqueda de vida a través del, 10-11, 104, 108, 112, 136

de la atmósfera, 135
estrellas, significado de las, 65
estudio en el laboratorio de la vida y el, 113, 119
evolución de la Tierra y el, 108
hierro y rocas, 178
Parque Nacional de Yellowstone y el, 104, 118, 119
plantas y luz, 116-117
temblor de las estrellas y, 158, 159
temperatura y el, 158
color del cielo, 135-136
  véase también atmósfera
comunicación
  con el lenguaje de las matemáticas, 29-30
  con otras especies, 25-26, 192
  interestelar, 20, 23-26, 31-34, 201
  tiempo en Marte y en la Tierra, 54
constelaciones, 41, 47, 56, 57, 61, 107, 168, 171, 190, 193, 210-211, 217, 218, 239
Córcega, 87, 88
CoRoT-7 b, planeta, 172-174
cosmológico, principio, 230
Crick, Francis, 92, 99
crónicas de Riddick, Las, película, 172
40 Eridani, estrella, 217-218

Dahl, Roald, 45
Darwin, Charles, 37, 99, 137
Darwin, misión espacial, 152
Darwin, telescopio espacial, 137
dinosaurios, 51-52, 63, 98, 106, 107, 121, 140, 226, 229

ÍNDICE ONOMÁSTICO Y DE MATERIAS

dióxido de carbono (CO_2), 44, 47, 67, 93, 101, 103
disco de oro, 155, 224, 229
    formato y materiales, 31
    lista de reproducción del, 31, 34, 249-251
    mapa en la carátula del, 33, 210
    reloj de uranio en el, 33
    vinilo para los terrícolas, 251
Doctor Who, programa de televisión, 123, 213, 216
Doppler, efecto, 160
Drake, Frank, 20, 251
Druyan, Ann, 31, 34, 245, 251

ecuación de Drake (marco), 20
elementos, vida, 61, 90, 93-94, 101-103
enanas blancas, estrellas, 60, 208
Encélado, luna de Saturno, 126, 128, 129, 191, 194
Épsilon Eridani, estrella, 218-219
Eris, 52, 54
espacio-tiempo, 230, 232, 233, 236
estereotipos de género y desigualdades, 147-153
estrella de nacimiento, 59
estrella de neutrones, 209-210, 211
estrellas, 11
    cumpleaños de alguien y las, 59
    de neutrones, 210
    descubrimiento de estrellas similares al Sol, 89, 154, 161
    descubrimiento de nuevas, 219-221
    determinar la edad, 65
    enana blanca, 60-61, 206, 207, 208, 211, 218

fusión nuclear, 60, 65, 156, 207, 209
Kepler-444, 200-201
muerte de, 60, 207, 220
nacimiento de nuevas, 58
nebulosa de la Quilla, 17, 58
núcleo de hierro, 61
número en la Vía Láctea, 57
observadas en el pasado, 227, 229
planetas con múltiples, 213-216, 217-218
planetas que bloquean la luz de las, 168, 238-240
planetas sin, 212
púlsares, 32-33, 209-211
que se enrojecen o se vuelven azules, 159, 160
rojas, 33, 65, 66, 158, 204, 220, 237
significado del color, 65
sobrevivir a la muerte de las, 206-209, 220
supernova, 61, 63, 210
telescopios desde la Tierra para ver las, 231
temblor de las, 154, 157, 158-159, 160-164, 186
tiempo de viaje de la luz desde la más cercana, 21
visibilidad y órbitas alrededor del Sol, 56-57
véanse también estrellas específicas
estrellas fugaces, 49
Europa, luna de Júpiter, 126-127, 142, 191, 194
exploración, experiencia de la, 37-40
explosión cámbrica, 98-99, 106
extraterrestres, 9-10, 22, 26, 28

258   MUNDOS EXTRATERRESTRES

comunicación con, 192
especulaciones sobre las
   probabilidades de, 19-21
observación de la Tierra por,
   141-142, 229, 237-240
signos y pruebas de, 10-13, 19
extremófilos, 120, 122

Faherty, Jackie, 238
Fermi, Enrico, 19
Fermi, paradoja de, 20
fósiles, 78, 83, 95, 98-99, 106, 130
fotosíntesis, 102, 103, 105, 111, 116

Gaia, misión, 62, 238, 239
galaxias, 10, 17, 21, 22, 23, 24, 32,
   42, 57, 61, 62, 63, 88, 97, 160,
   161, 192, 197, 213, 221, 228,
   229, 230-238
   véase también Vía Láctea
Galileo, nave espacial, 30, 127
Galileo Galilei, 127
gases de efecto invernadero, 68,
   69, 70, 72, 73-74, 108, 125
Gazel, Esteban, 176
Gillon, Michaël, 195
gravedad, 30, 43-44, 47, 54, 59,
   65, 77, 87, 124, 126-127, 131,
   143, 156, 165, 212, 234
   agujeros negros, 62, 210
   entre la Tierra y la Luna,
      75-76
   temblor de las estrellas y, 154,
      157, 161
guerra de las galaxias, La, saga,
   192, 213-216

habitabilidad, zona de, 89, 141,
   186, 193, 195, 197, 199, 204,
   215, 217, 220, 238
   cerca de estrellas muertas, 208

planetas habitables y, 42,
   71-75
HD 209458 b, exoplaneta, 168,
   169, 170
Henry, Gregory W., 168
hidrógeno, 32, 42-43, 45, 58, 60,
   61, 63, 65, 66, 74, 90, 102,
   124, 136, 140, 165, 169, 177
hierro, 39, 60, 61, 63, 64, 65, 81,
   104, 115, 178, 209
HR 8799, estrella, 171
Hubble, Edwin, 160, 202, 231
Hubble, telescopio espacial, 231
Hubble-Lemaître, ley de, 231-232
humanos
   antiguos, 27, 229
   como nebulosa, 63-64
   cosmovisión de la evolución,
      227
   evolución en la escala
      planetaria, 106
   importancia de observar
      pautas para los, 27
   longitud de onda visible de la
      luz para los, 68
   protección futura del Sol,
      199
   viaje espacial para la
      supervivencia de los, 67,
      241

infrarroja, luz, 23, 68, 160
Instituto Carl Sagan, 113, 245, 254
interrogación científica, 177-179

Johnson, Blind Willie, 34
Júpiter, 30, 45, 46, 52, 54, 126,
   127, 142, 154, 155, 156, 161,
   162, 163, 164, 165, 169, 194,
   211, 218
   véase también Europa

ÍNDICE ONOMÁSTICO Y DE MATERIAS

JWST, *véase* telescopio espacial James Webb

K2-137 b, planeta, 167
Karlsson, Anders, 152
Kasting, James, 89
KELT-9 b, planeta, 167
Kepler (NASA), misión, 137, 167, 185, 186, 187, 188, 202-203, 204
Kepler-16 b, planeta, 213, 214, 215
Kepler-62, planetas alrededor de, 186-187, 190
Kepler-444, sistema estelar y planetas, 200-201
Knoll, Andrew H., 80
Kuiper, cinturón de, 52, 54

lava, planetas de, 175, 180
Leeuwenhoek, Anton van, 99
Lemaître, Georges, 231
lenguaje, 26
    aclaración científica, 176-177
    de las matemáticas, 29-30
    saludos en el disco de oro, 31, 251
    véase también comunicación
libros, enviados al espacio, 132
Luna
    atmósfera y apariencia en el cielo, 135
    cara oculta de la, 79
    colisión planetaria que crea la, 47, 76
    joven, 75-78
    luz, 78
    misiones a la, 132-134
    movimiento entre la Tierra y la, 77, 78-79
    planetas TRAPPIST-1, 196

    pruebas de meteoritos en la, 50
    resplandor de la, 133
    tardígrados en la, 134
    vida en la, 132-134
    vista desde la Tierra, 80
lunas, 48, 126
    búsqueda de [lunas] habitables, 194
    habitables, 194
    heladas, 52, 91, 126, 128
    planetas sin, 47
    véanse también lunas específicas
luz, 111
    biofluorescencia, 143-145
    de antiguas galaxias, 17
    del joven Sol, 73-74
    del Sol que condiciona la visibilidad de las estrellas, 56
    efecto Doppler, 160
    huellas lumínicas en la búsqueda de vida, 137-142
    impacto de los agujeros negros en la, 62, 210
    impacto en las moléculas, 137
    infrarroja, 23, 68, 160
    inicios del universo y observación de la, 233-234
    límites de viaje, 231-232, 236
    longitudes de onda visibles y, 22-23, 68
    Luna, 78
    medir planeta de lava, 178-180
    que se enrojece o se vuelve azul, 159-161, 231
    tránsito planetario y, 168

visibilidad relacionada con la distancia de la, 230-231

Mack, Katie, 223
Marte, 58, 122
  agua en, 53, 124, 125
  búsqueda de vida, 131
  cara humana en una formación rocosa de, 27
  características, 53, *110*, 124-125
  colisión de meteoritos, 131
  comunicación con la Tierra, 54
  enviar tu nombre a, 251
  habitabilidad de, 72, 124-126
  lunas de, 47
  misiones a, 130
matemáticas, lenguaje de las, 29, 197-198
May, Brian, 198, 200
Mayor, Michel, 89, 154, 161, 166
McDowell, Jonathan, 216
Mercurio, 41, 45, 47, 50, 53, 64, 130, 161, 162
metano, 44, 68, 91, 129, 140, 141, 143
Meteor Crater (Arizona), 50, 51
meteoritos, 48-51, 52, 131
método científico, 26, 28, 29
Miller, Stanley, 93
misiones espaciales
  a la Luna, 132-134
  a Titán, 129
  Cassini-Huygens, misión, 128
  construir, 202-206
  Gaia, 62, 238, 239
  para redireccionar asteroides, 51-52
  véanse también Agencia Espacial Europea; NASA

mujeres científicas, 147-153
Murmullos de la Tierra (Sagan *et al.*), 34

Naciones Unidas (ONU), 249
NASA, 253, 254
  imagen de la nebulosa de la Quilla, 17
  misión a Encélado con ESA, 128
  misión DART de la, 51
  misión Europa en 2024 de la, 127
  misión Kepler, 137, 167, 185, 186, 187, 188, 202-203, 204
  misión TESS y descubrimientos, 202-209
  misión Titán en 2027, 130
  misiones a Venus planeadas por la, 69
  misiones Voyager, 31-35, 55, 229-230
  sobre la definición de la vida, 92
  véase también telescopio espacial James Webb
nebulosas
  de la Quilla, 17, 58
  planetarias, 60, 207
Neptuno, 21, 35, 45, 52, 54, 187, 215
Nurse, Paul, 92

océanos, 95
  de Júpiter, 46
  del joven Venus, 72, 74
  en las supertierras, 190-192
  zona de habitabilidad y, 71, 72
océanos de la Tierra, 10, 40, 51, 85
  biofluorescencia y, 143-145

criaturas «alienígenas» en, *86*
Luna y mareas de los, 77,
    79-80
placas tectónicas y, 73, 82, 84
OGLE, proyecto, 212
Oort, nube de, 54-55
órbitas de los planetas, 208
Orión, constelación, 41, 56
oxígeno
    en la joven Tierra, 101, 141,
        142, 143
    formación de la atmósfera y,
        30, 101
    organismos que viven sin, 104
    surgimiento de la vida y
        aumento del, 102-103,
        106, 144
ozono, 75, 102, 104, 126, 144, 240

Pangea, 83
pautas, observar las, 27-28
Pellepoix, Antoine Darquier de,
    60
placas tectónicas, 73, 83, 97
planetas
    alrededor de estrellas rojas,
        66
    alrededor de púlsares, 211
    bautizar un exoplaneta, 170,
        253-254
    bloqueo de la luz de la
        estrella, 168, 238-240
    calor de los jóvenes, 171
    carteles de viaje, 254
    cerca de enanas blancas,
        206-209
    color, señales de vida y, 104,
        108, 112
    con múltiples estrellas,
        213-216, 217-218
    con vistas a la Tierra, 238-240

de Épsilon Eridani, 218-219
de lava, 175, 178-180, 220
de Próxima Centauri, 193
descubrimiento de nuevos,
    10, 12, 166, 187, 219-221
en ciencia ficción, 193, 212,
    216-219
enanos, 52, 54
errantes, 212, 220
fascinantes descubrimientos
    sobre los exoplanetas,
    219-221
Kepler-444, 200-201
luz estelar como obstáculo
    para visualizar, 157
microbios que viajan entre,
    131
misión TESS, búsqueda de,
    204, 207
nacimiento de los, 165
número de exoplanetas, 166,
    237
que se acercan a la estrella
    madre, 164-165
sin lunas, 47
tránsito de, 168, 169, 238, 240
TRAPPIST-1 del tamaño de
    la Tierra, 195-197, 239
véanse también planetas de gas
    y hielo, planetas
    habitables, planetas
    rocosos, sistema solar,
    planetas específicos
planetas de gas y hielo, 45, 54, 156
    véanse también Júpiter,
        Neptuno, Saturno y
        Urano
planetas de hielo, *véase* planetas
    de gas y hielo
planetas enanos, en el sistema
    solar, 52, 54

planetas errantes, 164, 212, 220
planetas habitables, *146*
agua y, 41, 71
atmósfera, 41-42, 67-70, 140-141
escépticos de, 187-188
estrellas rojas y, 220
formación de, 42-46
fuente de energía, 55-67
ingredientes clave para, 40-42
Marte y, 72, 124-126
misiones de búsqueda de, 138
nave espacial para transportar terrícolas a, 241
órbitas como señales de, 44
sistema con múltiples, 195-197
sistema Kepler-444 y, 200-201
zona de habitabilidad, 42, 71-75
planetas rocosos, 47, 66, 73, 75, 97, 172, 190, 200, 220
calor abrasador, 173
ciclo de carbono y silicio, 74
51 Pegasi b y, 163-164
cráteres en, 50
misión Kepler, descubrimiento de, 187
modelos creados en el laboratorio, 178-180, 188
véanse también Marte, Mercurio, Tierra, Venus
plantas, 103, 105, 111, 114-117
Plutón, 52, 54
Polaris, 59
Próxima Centauri, estrella, 21, 58-59, 65, 192, 193
Proyecto Hail Mary (Weir), 217, 218
proyecto NameExoWorlds, 170, 219

púlsares, 32-33, 209-211
punto azul pálido (Sagan), 30, 32, 34-35, 98, 101, 108, 109, 122, 126, 131, 156, 243, 247, 251

Queloz, Didier, 89, 154, 161, 166

radiación, 22, 23, 55, 68, 74, 75, 91, 95, 102, 121, 140, 143, 144-145, 158, 160, 192, 193, 194, 211, 233-235, 241
véase también radiación cósmica de fondo; radiación ultravioleta
radiación cósmica de fondo (CMB), 234, 235
radiación ultravioleta (UV), 75, 143, 144-145
registro fósil, 98, 99, 100, 102, 108, 140, 141
véase también testimonio rocoso
rojas, estrellas, 33, 65, 66, 158, 204, 220, 237

Sagan, Carl, 29, 30, 66, 69, 93, 109, 113, 224, 227, 243, 245
compilación del disco de oro dirigida por, 31, 254
Cornell y, 223
Cosmos, 15
El mundo y sus demonios, 19
Murmullos de la Tierra, 34, 251
Sagitario A*, agujero negro, 63
Salida de la Tierra, fotografía, 80
Sasselov, Dimítar, 191
Satélite de sondeo de exoplanetas en tránsito (TESS), 203
Saturno, 45, 54, 126, 128, 129, 142, 169, 194, 206, 214

véanse también Encélado, Titán
señales de radio, 22, 23, 25, 26, 106, 201
silicio, 60, 90-91
Sociedad Astronómica Internacional, 253
Sol, 199
   brillo, 156-157
   como centro del universo, 227
   distancia de la Tierra, 45
   explosión del, 208
   fin de la vida del, 59-60, 208
   formación, 42
   fotosíntesis, 102, 103, 105, 111, 116
   fusión en el núcleo del, 60
   huyendo del amanecer, 174
   órbita de la Tierra alrededor de, 55-57, 163
   planetas que orbitan alrededor del, 43-44, 55-57, 156, 162, 163, 219
   tamaño del, *110*, 155
   temblor desde Júpiter, 154-155, 162
   tiempo de viaje de la luz desde el, *14*, 58
solar, sistema
   búsqueda de vida, 124-128
   cinturón de asteroides en el, 52, 54
   conjeturas en base a nuestro, 162-164
   formación y primeras características del, 43-45, 48
   huellas lumínicas del, 142
   nube de Oort y, 54-55

   resumen de los planetas, 52-55
   tiempo de órbita de los planetas y características, 43-44, 55-57, 156, 162, 163, 219
   tiempos de viaje de la luz en el, *14*, 20
   velocidad en el centro galáctico, 63
   véanse también planetas y lunas específicos
SPECULOOS-2 c, 198, 199
Sputnik, 82
Star Trek, saga, 22, 200, 218
supernova, 61-62, 63, 210
supertierras, 190-191
Szostak, Jack, 177

tardígrados, 121-123, 132, 133-134
Tau Ceti, estrella, 217
telescopio espacial James Webb (JWST), 15, 61, 196, 231, 236, 237
   lanzamiento y primeras imágenes, 16-18, 202-204
   nebulosa de la Quilla observada en el, 17, 58
   objetivos creados por el TESS para el, 202-206
   planetas TRAPPIST-1 y, 197
temblor de las estrellas, 154, 157, 158-159, 160-164, 186
terremotos, 83
TESS, *véase* Satélite de sondeo de exoplanetas en tránsito
testimonio rocoso, 84, 85, 96-98, 100, 106
tiempo, *36*
   aumento del, 77

espacio-tiempo, 230, 232, 233, 236
límites del viaje de la luz, 231, 236
relatividad, 17, 197, 227
velocidad de reproducción del disco de oro, 32
Tierra
agua en la, 71, 82
atmósfera de la joven, 48-49, 93, 100, 102, 140
atmósfera de la moderna, 70, 74-75, 101
calcular su antigüedad con meteoritos, 48
capa de ozono de la, 102, 104, 126, 144
carbono antes que silicio para la vida en la, 90
categorías de vida en la, 115
colisiones planetarias para formar la joven, 47, 76
cómo comenzó la vida en la, 85, 92-106
como nave espacial, 242
comunicación con Marte, 54
comunicación con otras especies en la, 26
congelada, 108
dimensión del Sol comparado con la, *110*, 155-156
distancia con Próxima Centauri, 192-193
distancia del Sol, 45
estrellas con vistas a la, 238-240
evolución en colores, 108
evolución en veinticuatro horas, 105-107
experiencia de la explosión del Sol en la, 58
extinciones masivas, 121
final de la, 64
forma, 80
formación y entorno inicial, 44-45, 46-49, 73-74
futura protección del Sol, 199
huella lumínica de la, 138-142
huyendo del amanecer, 174
impacto de la joven Luna en la, 76-77
nave espacial diseñada para parecerse a la biosfera de la, 241
núcleo, corteza y manto terrestres, 81
órbita alrededor del Sol, 55-57, 163
oxígeno en la joven, 101, 140-141, 142
placas tectónicas, 72-73, 82-85, 106, 107
planetas de Kepler-62 comparados con la, 186
planetas habitables, 42
posición en el año galáctico, 63
punto azul pálido, imagen de la, 30, 35
señales de vida en el universo, 30
terremotos en la, 81, 83
testimonio rocoso, 85, 97, 100, 106
TRAPPIST-1, planetas, y la, 195-197, 239
velocidad de la luz del Sol para llegar a la, *14*, 58
véanse también los temas específicos
Titán, luna de Saturno, 91, 129-130, 194
Tolkien, J. R. R., 129

TRAPPIST-1, estrellas y planetas, 195-197, 199, 239

Universidad de Cornell, 93, 113, 175, 176, 223, 224-225, 245, 254
universo, formación y expansión, *36*, 160-161, 231-237
uranio, descomposición de, *33*, 48, 81, 82
Urano, 45, 54
Urey, Harold, 93

velocidad de la luz, *14*, 21-22
Venus, 45, *52*, *53*, *58*, 64, *73*, 142, 199-200, 218
    características, 47, 67, 68, 69, 74-75, 124, 167
    joven, 71-72, 74
    misiones a, 69-70
Vía Láctea, 232, 237
    agujero negro en el centro de la, 62
    año galáctico, 63
    descubrimiento de nuevos planetas en la, 10
    distancia de la, *14*, 22, 229
    foto de la, 228
    número de estrellas en la, 57
viajes al espacio, 67, 241
    más rápido que la luz, 22
vida, búsqueda de
    a lo largo de amplias distancias, 137-143
    ciencia interdisciplinar y la, 138-140
    combinación de elementos y, 116
    componentes atmosféricos y, 140-141

    descubrimientos fascinantes en la, 219-221
    diversidad y cooperación científica en la, 150
    en el sistema solar, 124-128
    en lunas, 194
    en Marte, 131
    expectativas de las formas de vida en, 118
    huellas lumínicas en, 137-142
    lecciones en, 243
    marco de la ecuación de Drake y, 20
    misterio del tipo de vida en, 142-143
    proceso de la, 114-117
    temblor como señal, 154-155, 157, 160-164, 186
vida, categorías de la Tierra, 115
vida, creación de la
    concentración de oxígeno y, 101-103, 106, 107, 144
    elementos que favorecen la, 61, 90, 92-94, 101-103, 141
    en el laboratorio, 94
    en la Tierra, 85, 93-106
    en las supertierras, 191
    explosión cámbrica y, 98-99, 106
    fotosíntesis y, 103, 105, 111, 116
    organismos anoxigénicos y, 103-104
    organismos unicelulares y, 93, 100
    radiación UV y, 95
vida, definición de, 92
vida, signos de, 12, 30-31, 98

color, relacionado con, 11,
103-104, 107-108, 112,
135
Viena, Austria, 121, 183, 184,
186, 189
Vinyl Frontier, The (Scott), 251
Voyager, misiones, 31, 33, 34, 55,
155, 224, 229-230, 253
véase también disco de oro

Waldheim, Kurt, 249
WASP-12 b, planeta, 166
WASP-96 b, planeta, 18, 166
Watson, James, 92, 99
WD 1586 b, planeta, 206, 208

Wegener, Alfred, 82
Weir, Andy, 125, 217
Williams, Sarah, 111
Wolszczan, Aleksander, 210

Yellowstone, Parque Nacional,
11, 103, 104, 117, 118, 119

zona de habitabilidad, 89, 141,
186, 193, 195, 197, 199, 204,
215, 217, 220, 238
cerca de estrellas muertas,
208
planetas habitables y, 42,
71-75

Impreso en España